**Abdeljalil Daanoune**

**Etude et Optimisation d'une Machine Synchrone à Double Excitation**

Abdeljalil Daanoune

# Etude et Optimisation d'une Machine Synchrone à Double Excitation

## Applications pour véhicules hybrides et électriques

Presses Académiques Francophones

**Impressum / Mentions légales**

Bibliografische Information der Deutschen Nationalbibliothek: Die Deutsche Nationalbibliothek verzeichnet diese Publikation in der Deutschen Nationalbibliografie; detaillierte bibliografische Daten sind im Internet über http://dnb.d-nb.de abrufbar.

Information bibliographique publiée par la Deutsche Nationalbibliothek: La Deutsche Nationalbibliothek inscrit cette publication à la Deutsche Nationalbibliografie; des données bibliographiques détaillées sont disponibles sur internet à l'adresse http://dnb.d-nb.de.

Coverbild / Photo de couverture: www.ingimage.com

Verlag / Editeur:
Presses Académiques Francophones
ist ein Imprint der / est une marque déposée de
AV Akademikerverlag GmbH & Co. KG
Heinrich-Böcking-Str. 6-8, 66121 Saarbrücken, Deutschland / Allemagne
Email: info@presses-academiques.com

Herstellung: siehe letzte Seite /
Impression: voir la dernière page
**ISBN: 978-3-8381-7847-9**

*A mon père Hamma,*
*A la mémoire de ma mère Fatma*
*"Et par miséricorde, abaisse pour*
*eux l'aile de l'humilité, et dis :*
*ô mon Seigneur, fais-leur, à*
*tous deux, miséricorde comme ils*
*m'ont élevé tout petit." le noble*
*Coran, S17/V24*

# TABLE DES MATIÈRES

# TABLE DES FIGURES

# Remerciements

Ce travail s'inscrit dans le cadre d'une thèse CIFRE autour de la conception et l'optimisation d'un actionneur électrique destiné à l'entrainement des voitures hybrides. Cette thèse fait partie d'un projet de recherche entre Valeo Équipements Électriques Moteur à Créteil, et G2ELab (laboratoire de recherche en génie électrique de Grenoble). Je tiens à remercier ces deux organismes pour leur support matériel et financier.

Je voudrais tout d'abord adresser mes sincères remerciements et toute ma reconnaissance à M. Albert Foggia, mon directeur de thèse, Professeur émérite à Grenoble INP, pour la confiance qu'il m'a accordée et ses conseils scientifiques très pertinents. Il a toujours témoigné un vif intérêt à la réussite de mes travaux par des encouragements, tant professionnels que personnels.

Je remercie également M. Yves Marechal, professeur à Grenoble INP , pour avoir co-encadré ma thèse.

Je ne saurais oublier M. Lauric Garbuio, Enseignant Chercheur à Grenoble INP, que je remercie très sincèrement pour le temps qu'il m'a accordé et sa participation enrichissante à diriger ces travaux.

Il m'est particulièrement très agréable de remercier Jean Claude Mipo, senior expert au sein de VALEO Equipements Electriques Systèmes, pour avoir encadré ma thèse. Je lui témoigne ma profonde gratitude pour ses compétences scientifiques et techniques très rigoureuses. Sa patience, ses encouragements, ses remarques pertinentes, son soutien et ses qualités humaines inestimables ont été d'un grand réconfort et d'une aide précieuse.

Mes plus vifs remerciements s'adressent à Li LI, Ingénieur simulation, pour sa précieuse participation à l'encadrement de ce travail et sa disponibilité tout au long de cette thèse. Qu'elle trouve ici l'expression de ma profonde reconnaissance.

Je suis également très honoré de la présence au jury de thèse de :

M. Sylvain Allano, Directeur Scientifique et Technologies Futures de PSA Peugeot Citroën, pour m'avoir fait l'honneur d'examiner et d'accepter la présidence du jury de thèse.
M. Georges BARAKAT, Professeur à l'Université du Havre, et M. Noureddine Takorabet, Professeur à l'université de Nancy, pour avoir accepté la lourde tâche d'être les rapporteurs de ce travail, qu'ils soient assurés de ma respectueuse reconnaissance.

J'associe mes remerciements également à M. Philippe Chiozzi, Chef de service CAO, pour m'avoir accueillie dans son service, à M. Mamy Rakotovao, Senior expert et Mme Lilya Bouarroudj, Ingénieur expert, pour leur aide et leur disponibilité tout au long de ces trois années.

De M. Aboudrar, mon tout premier éducateur, que Dieu ait son âme, et jusqu'à M. Albert Foggia, mon directeur de thèse, en passant par toutes les personnes qui m'ont nourri durant ma vie par leur savoir. Je m'incline devant vous, mesdames et messieurs, pour vous exprimer mes vifs remerciements.

J'exprime toute ma sympathie à tout les camarades de thèse et collègues de travail, que j'ai eu la chance de côtoyer et qui ont augmenté la richesse de ce travail par leurs commentaires ou leur présence. Sans tous les citer, je pense particulièrement à Raphaël, Baldwin, Jean Guy, Razmik, Bassel, Hussein, Samya, Ahmad, Lakhdar, Abir, Sarra, Sana, Ali, Sylvain, Khalid, Jérôme, Mohamed, Riad, Asmae, Fadoua, Lamyae et la liste est bien trop longue.

Une pensée toute particulière à Audrey, pour avoir été mon premier lecteur et correcteur, qu'elle trouve ici ma profonde reconnaissance pour avoir partagé tant de choses, et surtout pour son amitié.

Je ne saurais terminer sans remercier très profondément mes parents, mes sœurs et frères pour m'avoir continuellement soutenu, constamment encouragé dans mes démarches et indéfiniment témoigné affection et tendresse durant toutes ces années, bien plus encore chaque jour.

Abdeljalil DAANOUNE

# Introduction générale

Au cours des dernières années, la question de la préservation de l'environnement est devenues un sujet sociétal majeur. Des conférences internationales, regroupant tous les principaux dirigeants de la planète, lui sont régulièrement consacrées. Des accords internationaux, comme le protocole de Kyoto sur la réduction des gaz à effet de serre, lui ont été dédiés.

A notre époque, une part importante de la population mondiale vit désormais en ville (plus de 75 % dans les pays développés et environ 40 % dans les pays sous-développés). Cette forte croissance urbaine est accompagnée par un nombre croissant de voitures. En effet, l'extension spatiale des villes accentue la mobilité des habitants. La grande concentration de véhicules génère des pollutions néfastes pour la qualité de l'air et pour la santé. Elle provoque aussi d'autres nuisances (bruits, problèmes de circulation des piétons, etc.). De plus, elle augmente la consommation d'énergies fossiles, en particulier dans les pays développés.

Dans ce contexte, la recherche de nouvelle technologie pour remplacer la voiture à essence constitue un véritable enjeu industriel. Les véhicules électriques sont une alternative prometteuse aux véhicules conventionnels propulsés par des moteurs à combustion interne, offrant la possibilité de réduire le CO2, les émissions polluantes et sonores. Toutefois, la capacité limitée des batteries constitue un problème majeur devant le développement des véhicules électriques. En alliant les avantages des véhicules thermiques et des véhicules électriques, Le véhicule hybride semble être une très bonne solution, au moins de manière palliative. Il constitue un enjeu de tout premier ordre.

Dans le cadre d'une prise de conscience de ces problèmes environnementaux, techniques et économiques, le projet MHYGALE (Mild HYbrid GenerALisablE) est lancé en début 2010. Il s'agit d'un programme impliquant Valeo, PSA Peugeot Citroën, Freescale, Alter et Ceitecs, ainsi que cinq laboratoires universitaires, dont mon laboratoire G2Elab à Grenoble, dans une volonté de développer une solution d'hybridation abordable avec un impact significatif sur les émissions de $CO_2$ à l'échelle mondiale. La machine électrique à entraînement par courroie, est plus puissante et capable d'offrir les fonctions Stop&Start, freinage récupératif et assistance de couple (ou boost). L'appoint de couple permettra de maintenir les performances des moteurs à fort (downsizing) à un niveau équivalent à celui des motorisations actuelles et rendra ainsi possible leur généralisation avec un surcoût acceptable. Le potentiel de réduction des émissions de $CO_2$ est de l'ordre de 25% à 30%.

La recherche d'une machine électrique avec un haut rendement est l'un des points fondamentaux de ce projet. Les travaux présentés dans cette thèse s'inscrivent dans l'optique de développement de : (1) Une méthodologie optimale pour dimensionner une machine électrique de type synchrone à double excitation, garantissant des performances maximales, cette méthode de calcul doit conjuguer rapidité et faculté d'usage. (2) Une nouvelle structure de machine électrique à rotor bobiné avec compensation de la réaction magnétique d'induit.

La présente étude s'organise autour de quatre chapitres principaux :

– Dans le chapitre I, nous faisons "un état de l'art" des technologies des machines électriques utilisées pour la propulsion des véhicules électriques et hybrides, nous établissons une analyse comparative des différentes machines qui justifie l'intérêt que nous portons aux machines synchrones, en particulier la machine synchrone à double excitation.

– Nous présentons dans le deuxième chapitre les principales méthodes d'analyse et de simulation pour le dimensionnement des machines électriques et les algorithmes d'optimisation.

– Dans le troisième chapitre, la méthode de modélisation et d'optimisation de la machine synchrone à double excitation par combinaison de modèles analytique et éléments finis est présentée en détail. Plusieurs aspects problématiques ont été identifiés dans cette partie : La précision du modèle n'est pas le seul critère de choix de la méthode de modélisation. Il faut aussi tenir compte de la complexité du modèle obtenu, car un modèle trop complexe exige un temps de calcul très long, un grand nombre de paramètres et les résultats obtenus peuvent être difficiles à exploiter rapidement. Les différentes étapes de notre démarche seront validées par comparaison avec la méthode des éléments finis.

– Le quatrième chapitre adaptera la méthodologie précédente afin de concevoir une structure de machine synchrone à rotor bobiné. Nous développerons ensuite des axes d'améliorations des performances de cette machine. Notamment sur la forte réaction magnétique d'induit qui sera compensée par insertion d'aimants de compensation. Une réflexion sur les ondulations de couple sera également traité à la fin de ce chapitre.

# Chapitre I
## Etat de l'art : La Voiture Electrique et sa Motorisation

### Résumé

*Les voitures électriques et hybrides constituent un domaine en pleine crois-
sance. Dans ce premier chapitre, nous établissons un état de l'art sur la traction électrique dans le secteur automobile. Nous commençons par un aperçu
historique des voitures électriques depuis leur création jusqu'à nos jours. Les
différents types de véhicules (électriques, mico-hybrides, mild-hybrides et full-
hybrides) sont présentés. Une classification des différentes technologies de motorisation de ces véhicules est également établie avec une présentation de plusieurs structures de machines électriques et quelques exemples de réalisations.*

# I.1   Introduction

A la fin du XIXe siècle, lorsque l'automobile en était à ses débuts, trois modes de propulsion coexistaient : le moteur à explosion, le moteur à vapeur et le moteur électrique. Et comme on le sait, l'automobile à essence prit le dessus. La voiture électrique traversa ensuite différentes phases avant d'être oubliée dans les années 30, puis fut l'objet de quelques recherches à partir des années 60 et connaîtra un regain d'intérêt dans les années 90 avec des véhicules commercialisés sans grand succès. L'évolution technique de ces dernières années lui offre maintenant la possibilité de prendre une revanche, plus de 100 ans après ses débuts.

De la première voiture électrique (aux alentours de 1830), en passant par la domination totale des véhicules thermiques durant le XXème siècle, aujourd'hui les grandes acteurs du secteur automobile investissent dans les voitures hybrides et électriques. Ce paragraphe a pour but de revenir rapidement sur l'évolution qu'a connue ce domaine depuis deux siècles.

# I.2   Historique

Le premier véhicule électrique fit son apparition dans les années 1830 (1832-1839). La première personne à avoir inventé une voiture électrique fut Robert Anderson, un homme d'affaire écossais. Il s'agissait plutôt d'une carriole électrique. Vers 1835, l'américain Thomas Davenport construit une petite locomotive électrique.

Vers 1838 l'écossais Robert Davidson arriva avec un modèle similaire qui pouvait rouler jusqu'à 6 km/h. Ces deux inventeurs n'utilisaient pas de batterie rechargeable. En 1859, le français Gaston Planté inventa la batterie rechargeable au plomb acide, qui sera améliorée par Camille Faure en 1881.

En 1884, on voit sur la photo de la figure I.1 Thomas Parker assis dans une voiture électrique, qui pourrait être la première au monde.

En 1897, on peut apercevoir les premiers taxis électriques dans les rues de New York.

En 1899 en Belgique, une société construit "La Jamais Contente " la première auto électrique à dépasser les 100 km/h (elle atteindra les 105 km/h). L'auto était pilotée par le belge Camille Jenatzy, et munie de pneus Michelin [ ]. Elle était en forme de torpille (figure I.2).

Dès 1900, la voiture électrique connait ses beaux jours. Plus du tiers des voitures en circulation sont électriques, le reste étant des autos à essence et à vapeur [ ].

Dans les années 1920, certains facteurs mèneront au déclin de la voiture électrique. On peut citer leur faible autonomie, leur vitesse trop basse, leur manque de puissance, la disponibilité du pétrole, et leur prix deux fois plus élevé que les Ford à essence [ ] [ ].

En 1972, Victor Wouk, le parain du véhicule hybride construit la première voiture hybride, la Buick Skylark de GM (General Motors).

FIGURE I.1 – Une des premières voitures électriques (Thomas Parker 1884)

FIGURE I.2 – La Jamais Contente (1899)

Dès 1988, le président de GM Roger Smith lance un fond de recherche pour développer une nouvelle voiture électrique qui deviendra la EV 1 et qui va être produite entre 1996 et 1998 (figure I.3)

FIGURE I.3 – La voiture électrique EV1 ( GM 1996)

En 1997, Toyota lance la Prius, la première voiture hybride à être commercialisée en série. 18 000 exemplaires ont été vendus au Japon la première année et en 2006 Toyota a passé le cap des 500.000 unités vendues à travers le monde avec son célèbre véhicule hybride, la Prius (figure I.4)

FIGURE I.4 – La Prius ( Toyota 1997)

De 1997 à 2000, de nombreux constructeurs lancent des modèles électriques hybrides : la Honda EV Plus, la G.M. EV1, le Ford Ranger pickup EV, Nissan Altra EV, Chevy S-10 EV et le Toyota RAV4 EV.

En 2003 en France, Renault fait une tentative avec la sortie de sa voiture hybride Kangoo Elect'road mais abandonne la production après environ 500 véhicules.

Aujourd'hui, la voiture tout électrique commence à percer, moyennant une autonomie en évolution permanente. De nombreux modèles sont proposés à la vente. L'implication des villes dans la protection de l'environnement joue également un rôle : les villes développent les réseaux de bus électriques et récemment de voitures électriques en location (Autolib/Paris fin 2011) qui donnent ainsi une bonne visibilité à l'électrique.

## I.3   Classification des voitures électriques

### I.3.a   Le véhicule tout électrique

Le véhicule tout électrique utilise la seule énergie fournie par les batteries. Cette énergie est utilisée pour alimenter un ou plusieurs moteur(s) électrique(s). La solution électrique répond doublement aux exigences de la circulation urbaine, par son absence de pollution gazeuse et de nuisance sonore. Sur la figure I.5, on présente la composition de base d'une voiture électrique. La constitution de cette voiture est nettement plus simple que celle d'une voiture à essence. Les composants sont plus petits. La taille réduite et la simplicité des composants permettent de mettre au point des véhicules petits et légers.

• **Fonctionnement**

La batterie est le point de stockage de l'électricité. Elle est connectée au moteur électrique par l'intermédiaire d'un régulateur et d'un convertisseur. Le régulateur

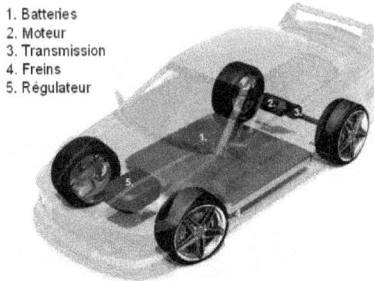

1. Batteries
2. Moteur
3. Transmission
4. Freins
5. Régulateur

FIGURE I.5 – Composition de base d'un véhicule électrique

sert à régler l'intensité du courant qui alimente le moteur. La batterie est chargée, à partir d'une source extérieure (EDF par exemple) pendant les périodes de repos.

Lors de la circulation, en phase d'accélération ou de marche à vitesse constante, l'électronique puise l'énergie dans la batterie et fait tourner le ou les moteurs électriques.

En phase de décélération, l'électronique fait fonctionner la ou les machine(s) électrique(s) en générateur(s), l'énergie délivrée par ces générateurs est utilisée pour recharger la batterie. Ainsi la consommation d'énergie est réduite.

- **Avantages**
  - Propreté : Aucune émission d'hydrocarbures, de fumées ou de particules.
  - Economie : Aucune consommation pendant les phases de ralenti, les batteries se rechargent pendant les phases de décélération.
  - Fiabilité : Possibilité de parcourir jusqu'à 1 million de kilomètres, les dépenses d'entretien sont réduites de 30 à 40 % et les occasions de pannes sont 3 fois moins nombreuses.
  - L'agrément de conduite : Le démarrage se fait toujours au quart de tour, même en hiver, le moteur ne cale jamais (absence d'embrayage) et il est parfaitement silencieux.
- **Inconvénients**
  - La durée de recharge des batteries électriques est encore importante. De plus, lors de l'utilisation, le moteur électrique ne produit pas de chaleur. L'habitacle de la voiture n'est pas chauffé. Pour un meilleur confort (climatisation, radio), la décharge des batteries est accélérée.
  - La durée de vie de la batterie n'est pas encore très importante.
  - La puissance du moteur électrique n'est pas encore très importante.

## I.3.b   Le véhicule hybride

La voiture hybride est composée de deux systèmes de traction : les modèles actuels associent un moteur thermique classique (essence ou diesel) avec un moteur électrique muni d'une batterie. Cette même technologie se développe inversement où le moteur thermique permet de recharger les batteries du moteur électrique : on parlera d'hybride rechargeable (plug in hybrid).

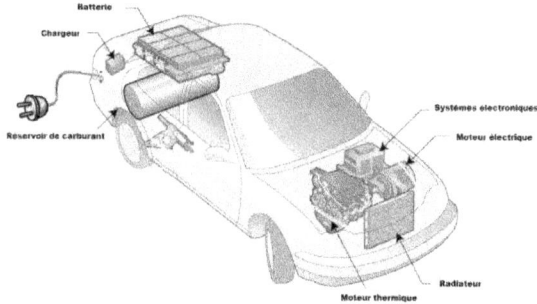

FIGURE I.6 – Composition de base d'un véhicule hybride

● **Fonctionnement**

La méthode générale de fonctionnement consiste à faire fonctionner soit le moteur électrique, soit le moteur thermique, soit les deux en même temps selon les modèles. Lorsque le véhicule est immobile, les deux moteurs sont à l'arrêt. Au démarrage, c'est le moteur électrique qui assure la mise en mouvement de la voiture, jusqu'à des vitesses plus élevées (entre 25 et 50 km/h aujourd'hui). Lorsque plus de sollicitation et/ou de puissance sont demandées par le conducteur, le moteur thermique prend le relais.

En cas de forte accélération, la mise en marche des deux moteurs permet d'avoir plus de couple, et une montée en régime moteur équivalente à un moteur de même puissance, voire supérieure. En phase de décélération et de freinage, l'énergie cinétique est récupérée pour recharger les batteries.

● **Avantages**

– Les consommations obtenues sont intéressantes, en raison de la récupération d'énergie au freinage, et du fait que le moteur thermique tourne généralement dans les conditions de régime et de charge les plus favorables.

– En ville, les véhicule hybrides fonctionnent en mode électrique. De ce fait, ils n'engendrent presque pas de pollution urbaine.

– Les performances des véhicules sont tout à fait comparables à celles des automobiles "normales" à essence, tant sur le plan de l'accélération que du confort de conduite.

– Réduction de 90 % des émissions polluantes.

● **Inconvénients**

– Prix plus élevé que celui des voitures de taille moyenne offrant des prestations et un équipement comparables.

– La nécessité croissante de réduire les émissions des gaz à effet de serre nécessite le développement de nouveaux types de motorisation.

– Coûts de production élevés à l'heure actuelle.

Aujourd'hui, trois technologies de voitures hybrides se distinguent selon le degré de présence de la motorisation électrique, on parle de technologies micro-hybride, mild-hybride et full-hybride.

### I.3.b-i Technologie Micro-hybride

Un seul moteur électrique vient remplacer le démarreur et l'alternateur des voitures conventionnelles, c'est l'alterno-démarreur. Il est capable de remplir leur fonctions, mais aussi d'assurer une nouvelle fonction appelée "Stop & start" qui permet la mise en veille du moteur lorsque le véhicule est à l'arrêt, entraîne une diminution significative de la consommation de carburant et donc des émissions de CO2.

Le "Stop& Start" (développé par Valeo) équipe déjà de nombreuses voitures. La Citroën C3 a été le premier modèle de la marque à être équipé de cette technologie.

### I.3.b-ii Technologie Mild-hybride

Pour le "Mild-hybride", en plus des fonctions assurées par l'alterno-démarreur du "Micro-hybrid", le moteur électrique est capable d'assister le moteur thermique dans la traction. Avec un moteur plus puissant et une batterie de plus grande taille, la technologie "Mild-hybrid" permet un gain de consommation considérable par rapport à une voiture classique.

L'objectif du projet "MHYGALE" (Mild HYbrid GénérALisablE) dont s'inscrivent les travaux de cette thèse, est de développer une solution capable d'assurer les fonctions :

– Stop & Start

– Récupération de l'énergie au freinage

– Assistance électrique du moteur thermique à bas régime

### I.3.b-iii Technologie Full-hybride

C'est l'association de deux moteurs thermique et électrique de puissances relativement équivalentes, ainsi par rapport à la technologie "mild", le moteur électrique augmente en importance et le moteur thermique diminue de taille ("downsizing").

Le tableau I.7 montre une étude comparative entre les trois technologies du véhicule hybride.

## I.3.c Classement écologique

Jusqu'au siècle dernier, la consommation des voitures intéressait peu le législateur. C'était plutôt une affaire à régler entre le vendeur et l'acheteur. Ce dernier y prêtait plus ou moins attention en fonction du prix affiché à la pompe. Ce qui

|  | Stop & start | Mild hybrid | Full hybrid |
|---|---|---|---|
| Arrêt du moteur au ralenti | ✓ | ✓ | ✓ |
| Freinage récupératif | - | ✓ | ✓ |
| Downsizing du moteur thermique et assistance à l'accélération | - | ✓ | ✓ |
| Mode électrique | - | - | ✓ |
| Puissance électrique | 2 kW | 10 kW | 30 kW |
| Electronique de haute puissance | < 60V | > 60V | 500 V |
| Gain carburant (estimations sur cycle mixte) | 5 % | 15 % | 25 % |
| Surcoût de fabrication | ~ 200€ | ~ 2000 € | ~ 5000 € |
| Exemples d'applications | Citroën C3. Volkswagen Lupo | Chevrolet Tahoe GMC Yukon | Toyota Prius. Ford Escape Honda Civic. Nissan Altima |

FIGURE I.7 – Tableau comparatif des trois technologies de voiture hybride ; source : Centre d'analyse stratégique [ ]

explique en partie que l'on ne conduise pas les mêmes voitures en Europe, où le carburant est fortement taxé, et aux États-Unis, où il l'est peu. Mais l'engagement des pays développés, pris dans le cadre du protocole de Kyoto, de réduire leurs émissions de CO2, a changé la donne. La consommation des voitures est soumise à des limitations sévères qui obligent les constructeurs à faire les choix techniques appropriés. En Europe, un règlement impose de ramener les émissions moyennes de CO2 provenant des véhicules neufs à 130 g/km (soit 5,3 l/100 km en essence, réalisation échelonnée entre 2012 et 2015). L'objectif visé pour 2020 est de 95 g/km (4 l/100 km), alors que la moyenne tourne aujourd'hui autour de 160 g/km (6,5 l/100 km) [ ].

La voiture électrique semble l'une des meilleures solutions pour réduire les émissions de CO2 dans le monde, néanmoins, elle nécessite plus d'émissions de CO2 pour sa production : 8,8 tonnes de CO2, contre 6,5 pour une voiture hybride et 5,6 pour un véhicule essence [ ].

Une organisation scientifique anglaise (Low Carbon Vehicle Partnership) [ ] a réalisé une étude sur la pollution des voitures électriques et thermiques sur la totalité du cycle de vie des véhicules (figure I.8). Cette étude démontre que si les voitures électriques et hybrides sont plus polluantes lors de leur production, elles restent plus écologiques que les véhicules thermiques durant leur cycle de vie.

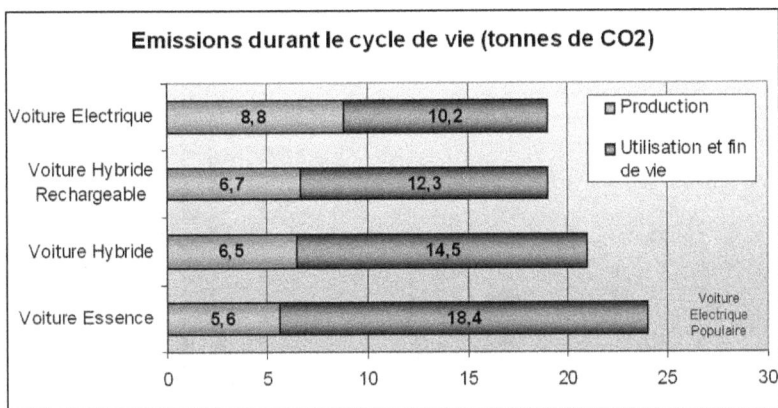

**Emissions durant le cycle de vie (tonnes de CO2)**

Voiture Electrique : 8,8 | 10,2
Voiture Hybride Rechargeable : 6,7 | 12,3
Voiture Hybride : 6,5 | 14,5
Voiture Essence : 5,6 | 18,4

☐ Production
☐ Utilisation et fin de vie

Voiture Electrique Populaire

0  5  10  15  20  25  30

FIGURE I.8 – Pollution des différentes voitures ; Source : Low Carbon Vehicle Partnership [ ]

## I.3.d  Perspectives

Confrontés à des normes de plus en plus sévères et à des clients de plus en plus demandeurs de modèles économes en carburant, les constructeurs se lancent désormais massivement dans l'électrification de leurs véhicules. Véhicules hybrides, rechargeables ou non, et véhicules électriques sont les nouvelles vedettes des salons automobiles.

Selon le Comité des Constructeurs Français d'Automobiles (CCFA) [ ], le marché mondial des véhicules hybrides a dépassé 740 000 unités en 2009. En France, ces ventes ont représenté 9 399 unités, soit une augmentation très modeste de 2,9 % par rapport à 2008, mais surtout une part de marché en baisse. Au Japon, les ventes de véhicules hybrides ont plus que doublé en 2009 et aux États-Unis, 290 000 unités ont été vendues en 2010. En Inde, Chine et Corée du Sud, les marchés encore restreints devraient croître rapidement et portent de belles promesses pour les constructeurs.

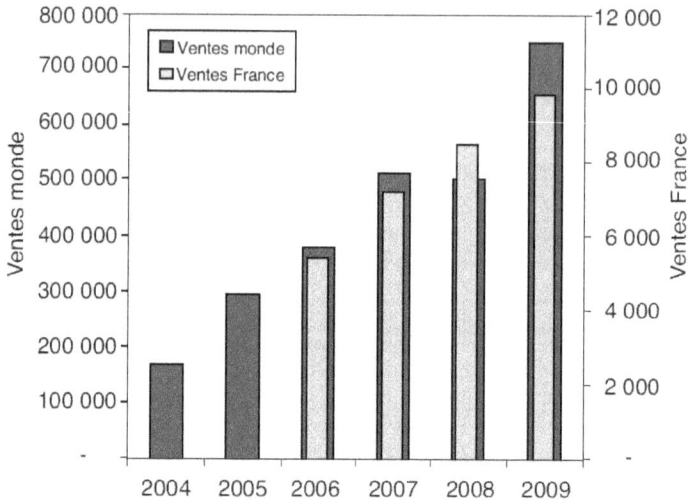

FIGURE I.9 – Les chiffres de ventes de véhicules hybrides dans le monde et en France (2004-2009) ; Source : CCFA, Automotive Innovation Platform [ ]

Les véhicules électriques et hybrides font beaucoup parler d'eux et les constructeurs investissent énormément, mais leur part de marché est encore très faible. En 2011, au niveau mondial, les véhicules hybrides n'ont représenté que 1,7 % de la production, soit 1,25 million d'unités. Pour les véhicules électriques, en Europe, on parle de quelques milliers de véhicules immatriculés. En 2011, au niveau mondial, la production de ces véhicules représente 0,2 % du parc des véhicules légers, selon les données du centre d'analyse stratégique [ ].

Après un ralentissement en 2012, les véhicules hybrides devraient représenter 4 % du marché en 2018. Les hybrides, notamment les full hybrides (hybridation totale avec des motorisations utilisant des énergies différentes), qui représentent 86% du marché des véhicules propres, sont sans doute les modèles qui vont se développer le plus rapidement. Et le plug-in hybride ou rechargeable, compromis entre l'hybride et l'électrique, devrait par ailleurs conquérir dans les six prochaines années 30% du marché des véhicules verts.

## I.4　Motorisation des voitures électriques

### I.4.a　Introduction

Les premiers moteurs électriques à être utilisés sur les véhicules électriques furent les moteurs à courant continu. Ce choix était logique il y a 30 ans, car c'était le moteur le plus facile à piloter en vitesse. La seconde génération de motorisation des automobiles électriques utilisa des moteurs à induction ou asynchrones. Actuellement les machines performantes sont les moteurs synchrones, et le marché des véhicules électriques et hybride se partage entre ces deux technologies :

  – Moteur synchrone à aimant permanent (Peugeot, Toyota)
  – Moteur synchrone à rotor bobiné (Renault, Nissan)

La machine électrique est l'élément essentiel de la voiture électrique, les cahiers des charges la concernant deviennent de plus en plus exigeants sur plusieurs aspects (compacité, rendement, commande, coût, robustesse, etc). Elle doit donc répondre aux cahiers des charges qui, en plus d'être exigeants, sont toujours en évolution.

On peut résumer l'ensemble des performances requises comme suit :

  – Une enveloppe couple/vitesse contraignante (figure I.10) avec un couple de démarrage important
  – Une grande compacité
  – Une facilité de contrôle (bon rapport de défluxage)
  – Un rendement élevé (90% dans les zones les plus sollicitées du cahier des charges, figure I.11)

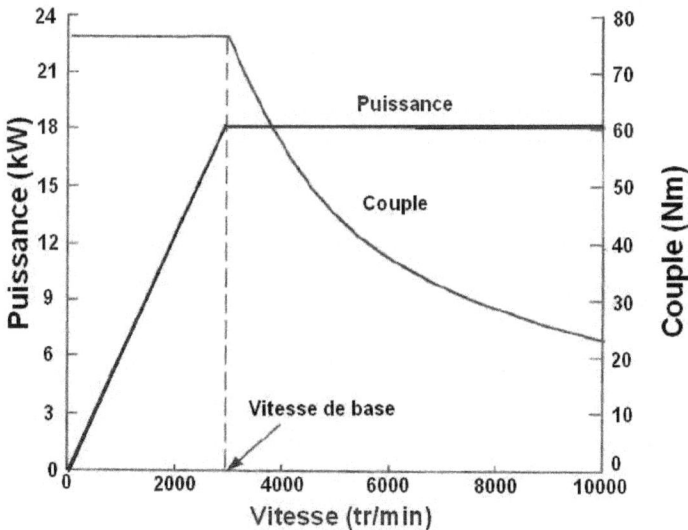

FIGURE I.10 – Enveloppe couple/vitesse pour un véhicule hybride

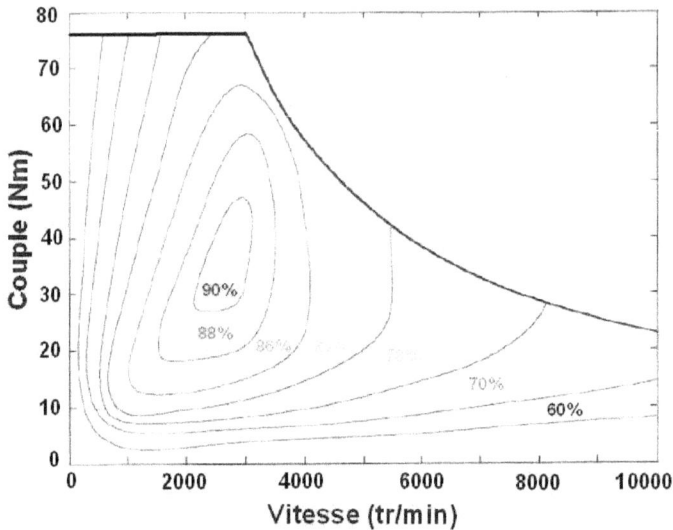

FIGURE I.11 – Rendement d'un moteur pour véhicule hybride

Plusieurs solutions ont été traitées pour répondre aux cahiers des charges des constructeurs automobiliste, ces solutions se distinguent aussi bien par le principe de fonctionnement (synchrone, asynchrone, à réluctance variable ... ), le mode d'excitation que par la topologie (axiale ou radiale). Parmi les structures étudiées on trouve des machines griffes [14] [15], des machines synchrones à aimants permanents [16] [17] [18] , à rotor bobiné [19], et à double excitation [20] [21] [22], des machines asynchrones [23] et des machines à commutation de flux [24] [25].

Dans ce qui suit, on fera le tour des différentes machines candidates pour la motorisation des véhicules électriques et hybrides, on montrera les avantages et les inconvénients de chacune de ces technologies et on s'intéressera particulièrement aux machines synchrones à double excitation et à rotor bobiné, machines sur lesquelles les travaux de la présente thèse ont porté.

## I.4.b   Machine asynchrone MAS

La machine asynchrone, de part sa simplicité de fabrication et d'entretien est actuellement la machine la plus répandue dans le secteur industriel et présente de bien meilleures performances que les autres types de machines. Par ailleurs, ces machines possèdent un couple massique, un rendement et un facteur de puissance plus faible que les machines à aimants.

Actuellement, les moteurs à aimants permanents sont très populaires dans le secteur automobile. Mais les constructeurs automobiles considèrent le moteur asynchrone comme une alternative potentielle aux moteurs synchrones : d'une part sa fabrication s'accommode aisément d'une production automatisée, et il possède de très bonnes propriétés mécaniques ; il est robuste, fiable et peu coûteux. D'autre part, les possibilités actuelles de commande permettent de lui conférer toutes les caractéristiques électromécaniques requises, et ce aussi bien en moteur qu'en générateur [19].

### I.4.b-i  Constitution

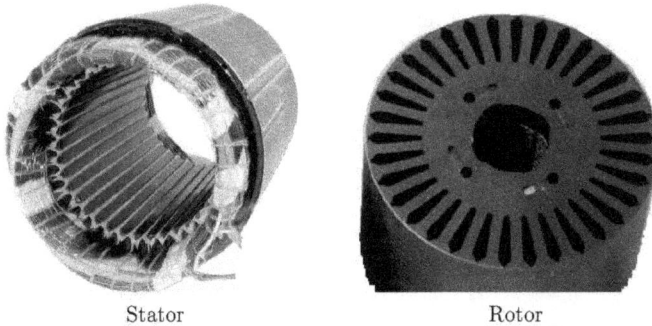

Stator                                     Rotor

FIGURE I.12 – Structure d'une machine asynchrone

Le moteur asynchrone est formé d'un :
- Stator : la partie fixe du moteur. Il comporte trois bobinages (ou enroulements) qui peuvent être couplés en étoile Y ou en triangle Δ selon le réseau d'alimentation.
- Rotor : la partie tournante du moteur. Cylindrique, il porte soit un bobinage (d'ordinaire triphasé comme le stator) accessible par trois bagues et trois balais, soit une cage d'écureuil non accessible, à base de barres conductrices en aluminium.Dans les deux cas, le circuit rotorique est mis en court-circuit (par des anneaux ou un rhéostat)

### I.4.b-ii  Principe de fonctionnement

Les bobinages statoriques, alimentés par des courants triphasés de pulsation $\omega$, créent un champ magnétique B tournant à la vitesse $\Omega_s = \omega/p$ où p est le nombre de paires de pôles au stator.

Ce champ tournant balaie le bobinage rotorique et y induit des forces électromotrices (fèm) d'après la loi de Lenz. Le bobinage rotorique étant en court-circuit, ces fèm y produisent des courants induits. C'est l'action du champ tournant B sur les courants induits qui crée le couple moteur. Ce dernier tend à réduire la cause qui a donné naissance aux courants, c'est-à-dire la rotation relative du champ tournant par rapport au rotor. Le rotor va donc avoir tendance à suivre ce champ. Le rotor tourne forcément à une vitesse $\Omega_r < \Omega_s$ (d'où le terme asynchrone).

### I.4.b-iii   Avantages & Inconvénients

Cette machine est très attractive pour le mode démarreur. Cependant, ses caractéristiques se dégradent en fonctionnement génératrice [  ]. En effet, à tension d'alimentation constante, le couple varie proportionnellement à l'inverse du carré de la fréquence ($\Gamma \approx [V/f]^2$ ; $\Omega \approx$ f), la puissance électrique débitée (P$\approx |\Gamma.\Omega|$) décroît donc à partir d'une certaine vitesse de rotation . Ceci pose un problème de surdimensionnement de l'onduleur de tension MLI (tension d'alimentation élevée) et de coût [  ].

Par principe, le moteur asynchrone induit par définition un glissement magnétique (friction) pour qu'il y ait création de couple. Ce glissement implique des pertes obligatoires au niveau du rotor. La cartographie de rendement (figure 1.13) montre un rendement qui plafonne à 82%, et qui chute rapidement à 75% sur une plage de fonctionnement plus étendue.

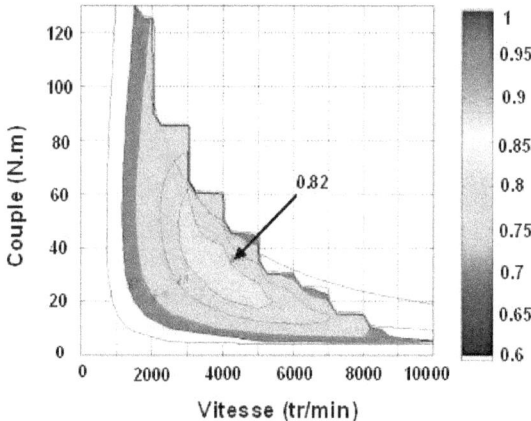

FIGURE I.13 – Cartographie de rendement d'un moteur asynchrone

### I.4.b-iv   Perspectives

A ce jour, toutes les voitures commercialisées utilisent des moteurs synchrones (à aimants permanents ou à rotor bobiné), sauf la Tesla Roadster qui utilise un moteur asynchrone [ ], tout comme l'EV1 [  ]. Or ce sont elles qui proposent les meilleures performances (autonomie et vitesse de pointe). La question devient de plus en plus insistante : Est-ce que les constructeurs se trompent de technologie de motorisation électrique ? Il est vrai que chaque type de moteur électrique présente des performances différentes, des qualités et des inconvénients spécifiques. Le moteur synchrone à aimants permanents est plus coûteux mais donne une bonne autonomie, le moteur synchrone à rotor bobiné présente un très bon rapport puissance/prix, et l'asynchrone est simple et donne un excellent rapport puissance/prix de fabrication.

Depuis le début de l'année 2011, un autre facteur est entré en jeu, il s'agit de la hausse continue des prix des terres rares. Le prix de la matière première néodyme, qui constitue en terme de coûts la partie décisive d'un aimant néodyme-fer-bore, a été multiplié à peu près par 5 entre janvier 2011 et juin 2011 [11], ceci a posé de vrais problèmes aux constructeurs développant uniquement des solutions à base de ces matériaux. Les constructeurs renforcent leur recherches pour trouver d'autres alternatives aux machines à aimants. Remy International, une division de GM (General motors), a annoncé qu'elle a développé une solution efficace à ce problème. Il s'agit justement d'une machine asynchrone améliorée avec une nouvelle technologie de bobinage. Avec cette conception brevetée, Remy estime que les machines asynchrones peuvent offrir des performances comparables à des machines à aimants permanents [12].

L'année passée, une hausse de 50% a été enregistrée dans l'intégration de moteurs asynchrones dans les véhicules électriques (Audi R8 e-Tron, Citroën Berlingo, Tazzari zero, etc.) [13]

Les recherches se poursuivent donc pour améliorer les performances de la machine asynchrone et la rendre compétitive par rapport aux machines à aimants.

### I.4.c Machine synchrone

Bien que plus délicats à piloter, plus coûteux et potentiellement moins robuste, le choix du moteur synchrone s'est imposé dans les véhicules électriques et hybrides. La machine synchrone offre le meilleur rendement en mode générateur et moteur. Le moteur synchrone se compose, comme le moteur asynchrone, d'un stator et d'un rotor séparés par un entrefer. La seule différence se situe au niveau de la conception du rotor. La figure (figure I.14) montre une machine synchrone à pôles saillants constitués d'électro-aimants alimentés en courant continu.

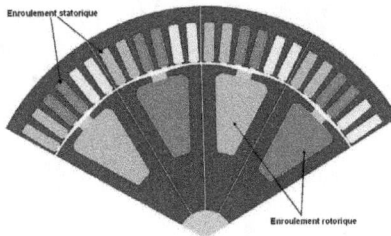

FIGURE I.14 – Structure d'une MSRB

Trois familles de machines synchrones sont en compétition :

– Machine synchrone à rotor bobiné MSRB : Elles utilisent des bobinages pour créer le champ rotorique, ce dernier peut être modulé électroniquement, ce qui permet un pilotage facile à haute vitesse (en défluxage). Les MSRB nécessitent un contact électrique avec le rotor (système balais-collecteur).
– Machine synchrone à aimants permanents MSAP : Aucune alimentation électrique n'est nécessaire pour le rotor. Il y a donc gain de maintenance, compensé par un risque potentiel de désaimantation en phase de défluxage. Par ailleurs, ces moteurs utilisent en général des aimants terres rares, une matière première dont le prix ne cesse d'augmenter.
– Machine synchrone à double excitation MSDE : Tentent d'allier les avantages des MSAP (très bon rendement énergétique) à ceux des MSRB (facilité de fonctionnement à vitesse variable), le flux d'excitation dans ces machines est la somme d'un flux créé par des aimants permanents et d'un flux d'excitation créé par des bobines.

Les machines synchrones à aimants, à double excitation ou encore à rotor bobiné, ont fait l'objet des travaux de la présente thèse. Dans ce qui suit, on se propose de faire une description de chacune de ces machines.

### I.4.c-i   Machine synchrone à rotor bobiné MSRB

**Constitution :**   La machine à rotor bobiné est constituée de :
– Rotor : Formé de masses polaires autour desquelles sont entourées des bobines d'excitation. Ces masses polaires peuvent être réalisées en acier massif ou par un empilage de tôles afin de réduire les pertes fer, le flux rotorique est obtenu, donc, grâce aux ampères-tours injectés dans les bobines d'excitation.

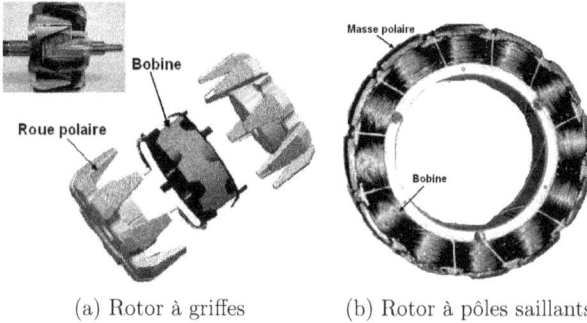

(a) Rotor à griffes                    (b) Rotor à pôles saillants

FIGURE I.15 – Structures du rotor d'une MSRB

La machine à rotor bobiné à griffes (figure I.15a) est la machine utilisée en majorité pour les alternateurs automobiles, plusieurs travaux de thèse ont porté sur ce type de machine [14][15][20][26][27]. En revanche, les MSRB à pôles saillants (figure I.15b) sont moins répandues dans le secteur automobile, on les rencontre généralement dans des applications alternateurs [28].

– Stator : de même structure qu'un stator MAS, il est principalement constitué
du paquet de fer et du bobinage. Le paquet est constitué de tôles feuilletées afin
de minimiser les pertes par courants de Foucault. Des encoches sont réalisées
dans le paquet ce qui permet d'y insérer les conducteurs du bobinage.

FIGURE I.16 – Stator d'une MSRB [26]

### I.4.c-ii  Machine synchrone à aimant permanent MSAP

Au début du XXIe siècle, le moteur synchrone à aimant permanent semble promis
à un bel avenir. Grâce aux aimants permanents qui produisent une densité magnétique élevée, on peut construire des moteurs synchrones plus compacts et plus légers
que des moteurs asynchrones de même puissance [29], présentant des couples et des
puissances massiques avec des rendements élevés. Ils ont pu trouver leur essor en
traction électrique par le développement des aimants en terres rares frittées conso-
lidées par des fibres . Leur prix de revient est cependant plus élevé que celui des
moteurs asynchrones.

**Structures :**  Les structures des MSAP sont classées suivant la disposition des
aimants sur le rotor. Leurs différentes configurations incluent les machines à flux
radial et à flux axial. Des exemples de structures de machines sont illustrés dans le
tableau I.1,

**Réalisation :**  Comme indiqué dans le tableau I.1, il existe plusieurs variantes de
la MSAP selon la localisation des aimants dans le rotor. plusieurs réalisations de
MSAP ont été accomplies et d'autres sont en cours de réalisation.

Pour les applications automobiles les machines peuvent atteindre des vitesses
importantes (jusqu'à 22 000 tr/min pour les voitures de types mild-hybrid), les
MSAP à aimants surfaciques ont fait l'objet de peu de travaux de recherches dans
ce genre d'application vu les contraintes mécaniques que les aimants peuvent subir
(le risque qu'ils se décollent à cause de la force centrifuge est assez grand [18]). Le
LEC et la société Valeo Systèmes Electriques ont réalisé un moteur de ce type pour
véhicule électrique [30].

TABLE I.1 – Différentes structures de machines synchrones à aimants permanents

| | |
|---|---|
| **Structures à flux radial** | Structures à aimants déposés en surface |
| | Structures à aimants encastrés |
| | Structures à aimants enterrés |
| **Structures à flux axial** | Structures simples avec un rotor et un stator |
| | Structures avec double rotor et un stator |
| | Structures avec un rotor et double stator |

Il existe plusieurs types de machines à aimants enterrés selon la forme et la position des aimants [17] [18].

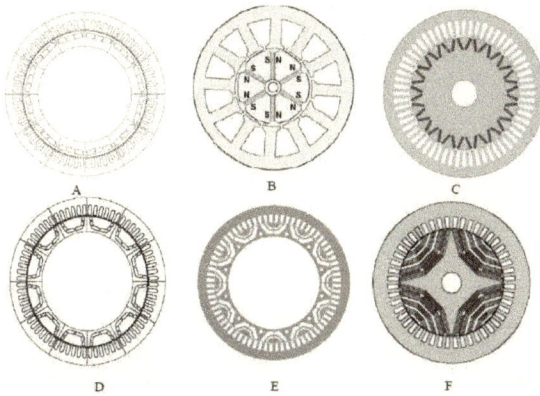

FIGURE I.17 – A : Machine à aimants segmentés orthoradiaux, B : Machine à concentration de flux, C-E : Machine à multi-barrière de flux, F : Machine à multi-barrière de flux laminé transversalement [17]

On s'intéresse particulièrement à deux réalisations MSAP à aimants enterrrés pour voitures hybrides :

– La MAPI (machine à aimants permanents internes)-ADI (Alterno-Démarreur Intégré) , développée par Valeo et le laboratoire LEC [30]. Cette machine montrée sur la figure 1.18 possède un couple de démarrage de 140 N.m avec un rendement qui depasse 90% en mode générateur.
– La MAPI à concentration de flux : Une machine à concentration de flux et bobinage concentré a été développée et réalisée chez LEROY SOMER. Sur la figure 1.19 on présente la structure de cette machine qui autorise des couples volumiques importants et permet de gagner en compacité, le flux d'un pôle étant créé par deux aimants (effet de concentration de flux) [18].

(a) MAPI montée sur banc               (b) Structure de la MAPI

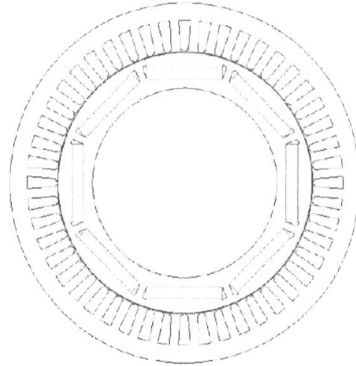

FIGURE I.18 – MAPI - ADI [  ] [  ]

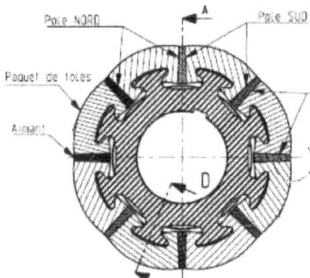

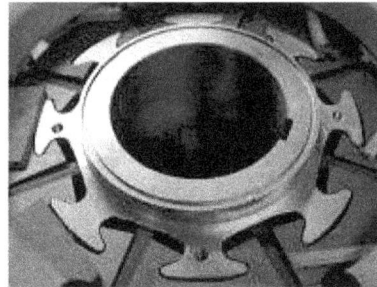

FIGURE I.19 – Rotor à concentration de flux de Leroy Somer [  ]

### I.4.c-iii   Machine synchrone à double excitation MSDE

L'utilisation des aimants permanents dans les machines électriques permet d'augmenter significativement leur rendement et surtout de réduire leur encombrement. Ce type de machine possède donc un couple massique considérable. Grâce à ses caractéristiques électromagnétiques imbattables et sa grande compacité, la MSAP s'est retrouvée pendant longtemps la machine la plus utilisée dans les véhicules électriques et hybrides [  ][  ][  ].

La machine à rotor bobiné, quant à elle, présente de nombreux avantages, notamment le fonctionnement sur une large plage de vitesse (rapport de défluxage important grâce au bobinage rotorique).

L'intérêt recherché par les machine à double excitation est d'augmenter la capacité de défluxage des structures à aimants permanents (fonctionnement sur une large plage de vitesses) sans dégrader sa puissance massique et son rendement. la double excitation permet ainsi de conjuguer les avantages des MSAP et des MSRB.

Les rotors des machines à double excitation possèdent deux sources électromagnétiques : Les aimants permanents qui, en général , créent le flux principal d'excitation, et le bobinage qui permet de contrôler le flux généré par les aimants : Le renforcer au démarrage et l'affaiblir à grande vitesse (défluxage).

**Réalisation :** On aborde ici quelques structures à double excitation qui ont été conçues et réalisées pour des applications automobiles, on se limite à trois exemples : la machine à griffes à aimants interpolaires,La machine NES (new electrical structure) et la MSDE de Li [20].

– Machine à griffes à aimants interpolaires :

Afin d'augmenter la puissance massique des machines à griffes à rotor bobiné. des travaux de recherches à Valeo ont permis de réduire les flux de fuites entre deux pôles consécutifs du rotor, en insérant des aimants dans les espaces interpolaires (figure I.20). La polarisation des aimants est naturellement opposée au sens des fuites intergriffes. Cette structure a permis un gain considérable par rapport à la structure classique [20] [20]

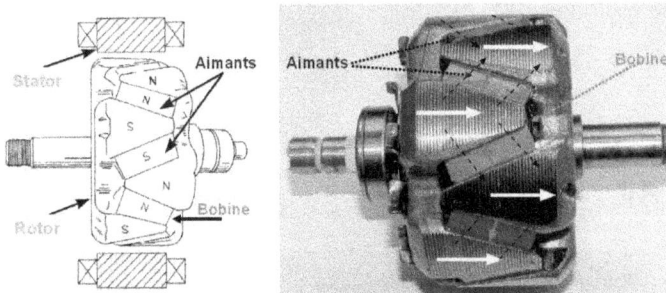

FIGURE I.20 – Rotor d'une machine à griffes à aimants interpolaires avec dessin des flèches : blanches pour le flux principal, noires pointillées pour le flux de fuite, et rouges pour le champ des aimants. [20]

– Machine NES (new electrical structure) :

Il s'agit d'une machine synchrone à double excitation à pôles saillants (figure I.21). Cette nouvelle structure a été devellopée en 1999 [28]. Le but de cette nouvelle structure était d'augmenter de la puissance massique des machines existantes (Machines à griffes) et de surmonter quelques problèmes que ces dernières ont rencontrés (difficulté de déclinaison, vitesse maximale limitée pour des machines allongées [20] ). Cette dernière possède un rendement acceptable, atteignant les 75% dans certaines zones, mais souffre de son mauvais rendement à hautes vitesses pour les faibles charges [28]

Pôle à bobine      Évidement pour l'aimant

FIGURE I.21 – Structure NES (New electrical structure)

– Structure à double excitation de Li :

La nouvelle machine a été présentée dans la thèse de Li LI [20]. La structure de cette machine est illustrée à la figure 1.22. Les aimants permanents dans la région inter-polaire sont orientés ortho-radialement. Les bobines d'excitation sont alimentées de façon à ce que le flux qu'elles produisent s'oppose au flux produit par les aimants dans le noyau des pôles respectifs. Selon la valeur et le sens du courant d'excitation, la machine peut fournir une puissance de base, fournie par les aimants seul (courant d'excitation nul), une puissance maximale, générée par les aimants et les bobines ou une puissance nulle en inversant le courant d'excitation (défluxage total). Les prototypes dimensionnés pour un cahier des charges automobile présentent un rendement supérieur à 90% dans une large plage comprenant la zone la plus sollicitée de la machine[20].

Cette nouvelle structure de machine a fait, en grande partie, l'objet de la présente thèse, une présentation plus détaillée lui est consacrée dans les prochains chapitres.

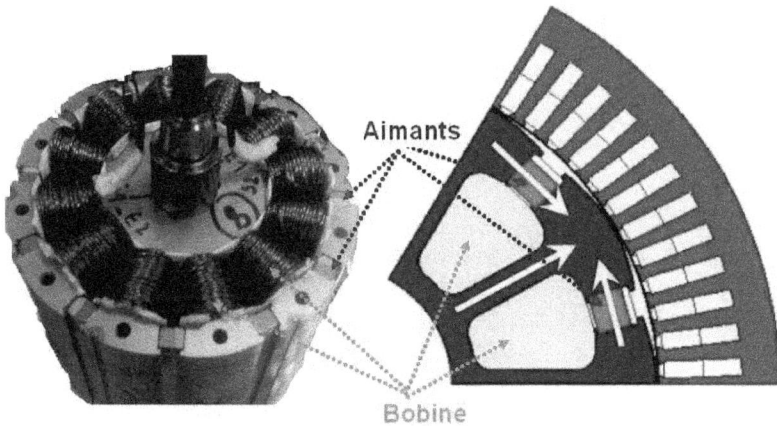

FIGURE I.22 – Structure à double excitation de Li

## I.4.c-iv    Conclusion

Les différents types de machines proposées dans les paragraphes précédents ne sont pas exhaustifs. Nous avons choisi de se limiter aux machines synchrones à aimants permanents MSAP, à rotor bobiné MSRB et à double excitation MSDE, car ce sont les machines les plus répandues actuellement dans le secteur automobile et qui ont fait le sujet de la présente thèse, en particulier la MSDE et la MSRB. Nous avons introduit également les machines asynchrones, qui, de part leur simplicité de fabrication et leur robustesse, semblent être une meilleure option pour concurrencer les machines synchrones pour les applications de véhicules électriques et hybrides.

Dans le tableau I.2, on dresse les principales caractéristiques des différentes machines présentées dans ce chapitre. La figure I.23 établit également une comparaison sommaire entre ces technologies en terme de coût, rendement, puissance massique et facilité de commande.

TABLE I.2 – Tableau comparatif des différentes machines présentées

| Type de machine | Avantages | Inconvénients |
|---|---|---|
| Machine asynchrone MAS | Fabrication maîtrisée, puissance massique élevée, moteur robuste, montée en survitesse aisée, longue durée de vie. | Rendement faible, Pertes Joule rotor, faible couple de démarrage, électronique coûteuse, Commande complexe |
| Machine synchrone à rotor bobiné MSRB | Flux variable : facilité de contrôle, absence d'aimants, large plage de vitesse | Plus volumineux et plus lourd que les MSAP, Nécessite de l'électronique supplémentaire (hacheur), fragilité des systèmes bagues balais |
| Machine synchrone à aimant permanent MSAP | Technologie devenue courante, puissance massique élevée, pas d'échauffement au rotor, très bon rendement, refroidissement aisé | Ondulations de couple, coût des aimants, technologie coûteuse, survitesse pénalisante, difficulté de défluxage |
| Machine synchrone à double excitation MSDE | Bon rendement, puissance massique relativement élevée, large plage de vitesse (défluxage facile) | Fragilité des bagues balais, nécessite de l'électronique supplémentaire (hacheur) |

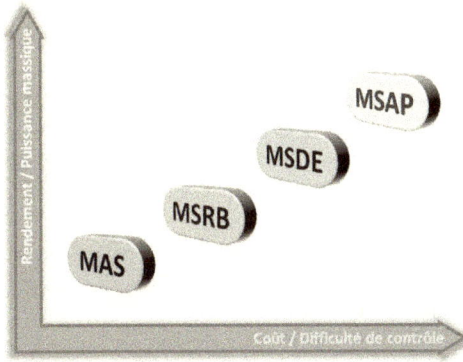

FIGURE I.23 – Classification des machines en terme de rendement, puissance massique, coût et commande.

Les essais qui ont été effectués sur la structure à double excitation [20] ont montré qu'elle possède de bonnes caractéristiques électromagnétiques. Par la suite, nous nous intéresserons particulièrement à cette machine dans le but de la modéliser et de mettre en place une nouvelle méthodologie de dimensionnement et d'optimisation de cette structure pour un cahier des charges donné. Cette méthodologie, étant applicable à plusieurs structures, va nous servir, ensuite, pour dimensionner une machine à rotor bobiné.

Pour tout problème de dimensionnement-optimisation d'une machine électrique, nous avons besoin d'un modèle conjuguant fiabilité et rapidité qui permettra de lier les différents paramètres géométriques et physiques de la machine à ses performances électromagnétiques. Dans la section suivante nous présenterons les différentes méthodes de modélisation des machines électriques rencontrées dans la littérature.

## I.5 Conclusion

Dans ce chapitre introductif, nous avons établi un historique des différentes technologies de voitures électriques et hybrides. Ces voitures qui sont actuellement en plein développement semblent être les voitures dominantes du marché de demain malgré les nombreuses difficultés qu'elles rencontrent (Coût, autonomie, motorisation, etc.).

Les constructeurs automobiles, confrontés à des normes écologiques et des exigences économiques de plus en plus sévères, relèvent le défi et se lancent massivement dans l'électrification de leurs voitures.

Nous avons présenté les différentes technologies des voitures électriques et hybrides et nous avons établis une étude comparative de ces technologies de point de vue performances, coût et écologie. Les travaux de la présente thèse s'inscrivent dans le cadre du projet MHYGALE qui a comme objectif de réaliser une solution de type Mild-hybrid. Nous nous intéresserons donc en particulier au cahier des charges de la motorisation de ce type de voitures.

Dans la suite de ce chapitre, nous avons pu faire le tour des différentes technologies de motorisation des voitures électriques. Différentes structures ont ainsi été présentées dans ce chapitre avec quelques exemples de réalisations. La machine synchrone à double excitation MSDE [ ] a été également introduite. Cette machine qui a présenté de nombreux avantages (Rendement, puissance massique, défluxage, etc.) a été sélectionnée pour être la machine de base de nos travaux de recherche et pour laquelle nous allons développer un outil de dimensionnement par optimisation dans le troisième chapitre.

# Chapitre II

# Les modèles de conception et d'optimisation des machines électriques

**Résumé**

*Dans ce chapitre nous nous focalisons sur la modélisation et l'optimisation des machines électriques. On se propose de présenter les principales approches de modélisation (Analytiques, semi-analytique et numérique). Nous exposons également une vue d'ensemble sur les différents algorithmes d'optimisation.*

# II.1   Classification des modèles de conception

Nous avons classé précédemment les différentes machines électriques utilisées pour des applications voitures électriques et hybrides. Le but de ce paragraphe est de passer en revue les différentes méthodes permettant de modéliser et de dimensionner par optimisation un actionneur électrique dans le cas général.

Les modèles se distinguent suivant leur orientation. On qualifie un modèle de direct, s'il fournit les performances de l'actionneur à partir de la connaissance de sa géométrie et de ses données physiques. Un modèle est dit inverse s'il est capable de fournir la structure, les dimensions et les matériaux constitutifs du dispositif à partir d'un cahier des charges constitué des performances souhaitées (figure II.1).

Les modèles inverses sont ceux que l'on utilise pour la démarche de dimensionnement des actionneurs, les performances sont connues (cahier des charges) et les résultats sont les paramètres du modèle (Structure, matériaux et dimensions).

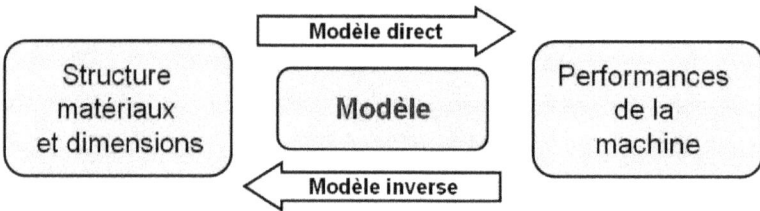

FIGURE II.1 – Modèle direct/inverse

Les deux principales méthodes de modélisation seront abordées : la méthode des éléments finis qui s'applique en général pour des simulations ou des dimensionnements fins , et les méthodes analytiques pour le pré-dimensionnement.

## II.1.a   Les modèles analytiques

Les modèles analytiques sont caractérisés par leur facilité de mise en œuvre, leur malléabilité et la rapidité avec laquelle ils fournissent des résultats. Ils sont très souvent utilisés lors des premières étapes du dimensionnement pour fournir une géométrie préliminaire ou comparer les performances respectives de différentes structures et technologies de machines.

Ces méthodes se basent sur une résolution formelle des équations mathématiques régissant le système que l'on désire étudier, dans le cas des machines électriques, ces modèles se basent sur la resolution des équations de Maxwell afin de déterminer l'expression exacte du potentiel vecteur dans l'entrefer de la machine étudiée [ ] [ ] [ ]. Dans ces études , les hypothèses de calcul sont les mêmes : l'encochage statorique à petites dents est lissé par le biais du coefficient de Carter, et les matériaux magnétiques sont supposés présenter une perméabilité infinie [ ].

Malgré le fait que les modèles analytiques fournissent très rapidement des résultats, leur construction est très longue et nécessite une connaissance physique approfondie de l'actionneur étudié et de son application. D'autre part ces modèles nécessitent un recalage par construction de prototype est des études expérimentales dont la réalisation est longue [32].

## II.1.b  Les modèles semi-analytiques

Cherchant à conjuguer la rapidité des méthodes analytiques et la précision des méthodes numériques (éléments finis), les modèles semi-analytiques ou semi-numériques sont qualifiés de cette manière car leur résolution se fait numériquement en raison de la non-linéarité.

Ils ont une position intermédiaire entre les modèles analytiques et les modèles numériques pour :
- le temps de résolution,
- la précision de la modélisation,
- la capacité à fournir les dérivées.

Parmi les méthodes semi-numériques les plus connues, on s'intéresse particulièrement à celle basée sur les modèles réluctants : La machine est discrétisée et représentée par un ensemble de réluctances sous forme d'un circuit magnétique équivalent. Les réluctances dépendent des formes géométriques des parties représentées et de leur caractéristiques magnétiques [38]. Le circuit magnétique est couplé avec le circuit électrique de la machine.

La résolution du circuit obtenu permet d'avoir le flux qui passe dans chaque réluctance et de déterminer ainsi les performances de la machine. Cependant le circuit peut être difficile à mettre en œuvre et à résoudre si la géométrie est complexe (grand nombre de réluctances à représenter) [20]. Des outil spécifiques ont été développés pour faciliter la modélisation des actionneurs électriques par cette méthode. L'outil RelucTool, développé par le laboratoire G2elab , permet de simuler des machines électriques en régime statique et des capteurs et actionneurs en régimes statique et dynamique [39].

Dans les références [20] [18], les auteurs se basent essentiellement sur les modèles à base de réluctances (Reluctool) pour dimensionner respectivement une machine à double excitation et une machine à aimants permanents.

Dans la suite de nos travaux, nous intégrerons un modèle semi-analytique de prédimensionnement à base de réluctances qui nous permettra de trouver en premier lieu une géométrie préliminaire. A partir de cette géométrie, on fera appel à un modèle par éléments finis pour optimiser la géométrie finale de la machine.

## II.1.c  Les modèles numériques

Ils sont basés sur la résolution numérique des équations mathématiques du système étudié, ces modèles permettent la prise en compte de phénomènes physiques différents et fortement couplés (électrique, magnétique, thermique, mécanique). Dans le cas des machines électriques, les outils numériques se basent sur le calcul du champ électromagnétique par résolution des équations de Maxwell. Ces équations lient le champ électrique E, le champ magnétique H, l'induction électrique D et l'induction magnétique B [32] :

$$rot\,\overrightarrow{\mathrm{E}} = -\partial\overrightarrow{\mathrm{B}}/\partial t \qquad\qquad (\mathrm{II}.1)$$

$$div\,\overrightarrow{\mathrm{B}} = 0 \qquad\qquad (\mathrm{II}.2)$$

$$rot\,\overrightarrow{\mathrm{H}} = \overrightarrow{\mathrm{j}} \qquad\qquad (\mathrm{II}.3)$$

$$div\,\overrightarrow{\mathrm{D}} = \rho \qquad\qquad (\mathrm{II}.4)$$

Avec $j$ la densité de courant et $\rho$ la densité de charge électrique. La conservation du courant implique :

$$div\,\overrightarrow{\mathrm{j}} = 0 \qquad\qquad (\mathrm{II}.5)$$

Les relations constitutives des matériaux isotropes fournissent trois nouvelles relations entre les grandeurs utilisées précédemment :

$$\overrightarrow{\mathrm{j}} = \sigma\,\overrightarrow{\mathrm{E}} \qquad\qquad (\mathrm{II}.6)$$

$$\overrightarrow{\mathrm{H}} = \nu\,\overrightarrow{\mathrm{B}} \qquad\qquad (\mathrm{II}.7)$$

$$\overrightarrow{\mathrm{D}} = \varepsilon\,\overrightarrow{\mathrm{E}} \qquad\qquad (\mathrm{II}.8)$$

Où $\sigma$ est la conductivité électrique, $\nu$ l'inverse de la perméabilité magnétique et $\varepsilon$ la permittivité électrique.

La résolution de ces équations permet de déterminer l'expression exacte du potentiel vecteur dans tous les points du maillage. Selon la qualité de ce dernier et la complexité géométrique de la machine, ces calculs permettent d'obtenir des résultats suffisamment fiables et précis.

Plus la modélisation sera fine et prendra en compte un nombre de phénomènes croissant, plus le temps de simulation sera important. Les modèles éléments finis sont des modèles directs.

## II.1.d Conclusion

Ayant la capacité de prendre en compte plusieurs phénomènes physiques, les méthodes numériques sont souvent bien adaptées pour la modélisation multi-physique,

ces méthodes sont les plus précises et les plus fiables de toutes les méthodes de modélisation. Il faut cependant noter un inconvénient majeur lié au temps de calcul
qui peut aller de quelques minutes (Modèle statique en 2D) à plusieurs heures, voire
plusieurs jours (Modèle transitoire en 3D) selon le degré du maillage, la complexité
de la géométrie et la nature du problème étudié. Actuellement, l'utilisation des méthodes numériques est limitée au modèle direct (Simulation, étude de sensibilité,
validation des modèles analytiques, etc.).

Les modèles analytiques permettent de réduire considérablement le temps de
calcul par rapport aux modèles numériques. Ils se limitent cependant à des géométries relativement simples [40]. L'inconvénient majeur de ce type de modèle est la
non-prise en compte de la saturation magnétique.

Les modèles semi-analytiques (réseaux de réluctances) permettent la prise en
compte de la non-linéarité des matériaux magnétiques (saturation) et restent raison-
nables en terme de temps de calcul, ce sont actuellement les modèles qui répondent
le mieux aux problèmes de dimensionnement par optimisation [40] [32] [20].

La figure II.2 illustre une comparaison entre ces différents modèles en terme de
précision et de temps de calcul.

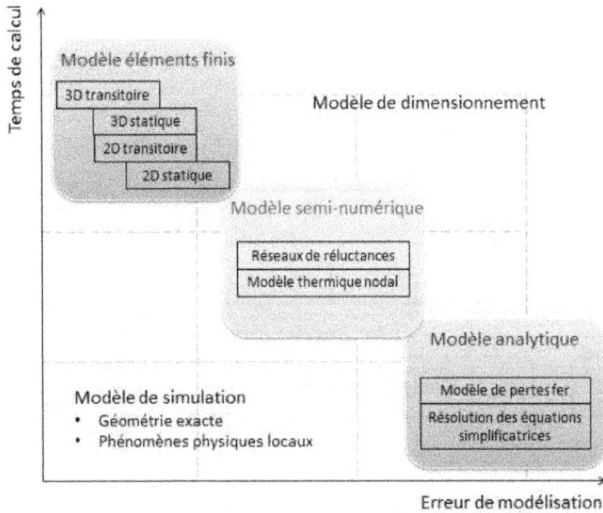

FIGURE II.2 – Classement des différents modèles [20].

## II.2    Les algorithmes d'optimisation

Un problème d'optimisation est tout problème défini par un espace de recherche des solutions, une fonction objectif qui associe un coût à chaque solution possible et un ensemble de contraintes. On cherche alors à trouver la solution optimale qui correspond à une solution de coût minimum ou maximum selon qu'il s'agit de minimiser ou de maximiser la fonction objectif.

Une fois la fonction à optimiser définie, il s'agit de choisir une méthode adaptée au problème posé, les différentes méthodes d'optimisation peuvent être classées en deux types :
- Les méthodes déterministes
- Les méthodes stochastiques

### II.2.a    Les méthodes déterministes

Ce sont des méthodes utilisées généralement pour des problèmes d'optimisation où l'évaluation de la fonction est très rapide, ou quand la forme de la fonction est connue a priori.

La recherche des extrema d'une fonction f revient à résoudre un système de n équations à n inconnues, linéaires ou non :

$$\frac{\partial f}{\partial f}(x_1; x_2; ... x_n) = 0 \qquad (II.9)$$

Des méthodes classiques comme la méthode du gradient ou de Gauss-Seidel peuvent être utilisées pour résoudre ce système. Nous présentons dans la figure suivante quelques exemples d'algorithmes déterministes. Nous reviendrons sur le fonctionnement de l'algorithme SQP (Sequential Quadratique Programming), algorithme que nous avons choisi pour notre problématique d'optimisation.

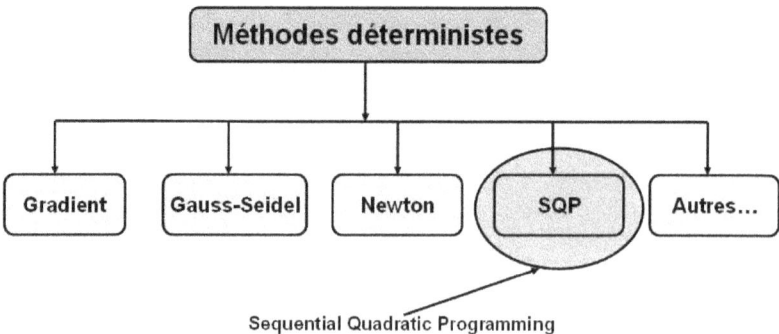

FIGURE II.3 – Méthodes d'optimisation déterministes.

Les méthodes déterministes sont brutales et le temps de calcul augmente exponentiellement en fonction du nombre de variables.

En général, l'utilisation de ces méthodes nécessite comme étape préliminaire la localisation des extrema pour éviter les optimums locaux (figure II.4) et pour réduire le temps de calcul. Ceci peut se faire, par exemple, par une discrétisation fine de l'espace de recherche [22].

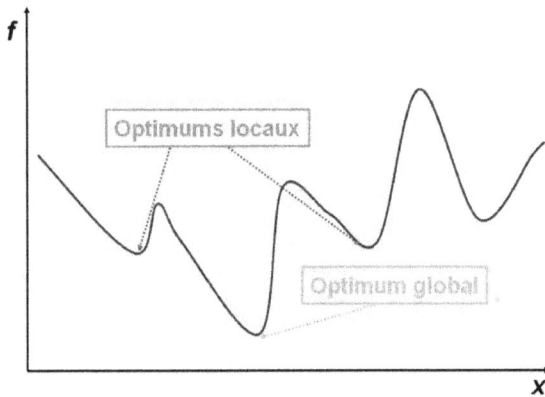

FIGURE II.4 – Fonction objectif à plusieurs optimums.

## II.2.b   Les méthodes stochastiques

Ce sont des méthodes où l'aléatoire prend de la place pour balayer l'espace de recherche des solutions optimales du problème. Cette caractéristique indique que plusieurs exécutions successives sur un même problème d'optimisation peuvent conduire à des résultats différents.

Ces méthodes ont une grande capacité à trouver l'optimum global d'un problème contrairement à la plupart des méthodes déterministes. Selon la référence [41] on peut regrouper les différents algorithmes stochastiques comme le montre la figure II.5.

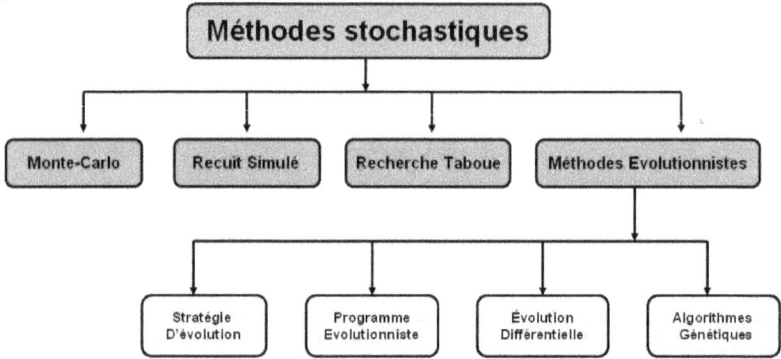

FIGURE II.5 – Méthodes d'optimisation stochastiques.

## II.2.c   Conclusion

Nous avons présenté dans cette partie deux familles d'algorithmes d'optimisation : les méthodes déterministes et les méthodes stochastiques.

Les algorithmes stochastiques peuvent résoudre des problèmes d'optimisation assez complexes et avec un grand nombre de variables de natures différentes (réelles, entières, etc.) [22].

La famille des algorithmes déterministes présente l'avantage d'un temps de convergence assez réduit mais n'est pas adaptée à des problèmes complexes et des fonctions objectifs à plusieurs optimums [18].

Dans le cadre de notre étude (Optimisation de la géométrie d'une machine électrique), comme nous allons le découvrir dans le chapitre suivant, le nombre de variables est moyen (autour de 10 variables) et l'espace de recherche des solutions est largement réduit grâce à un modèle analytique de prédimensionnement, les méthodes déterministes semblent donc bien adaptées pour ce cas. De plus, le logiciel Matlab que nous allons utiliser, possède des fonctions d'optimisation prédéfinies basées sur l'algorithme SQP (Sequential Quadratic Programming).

## II.3   Conclusion

Les différentes méthodes de modélisation des machines électriques (analytique, numérique et semi-analytique) et les algorithmes d'optimisation (stochastiques et déterministe) ont été exposés dans ce chapitre.

Nous avons décidé d'adopter une nouvelle approche de dimensionnement de la structure en question. Le choix de l'association d'un modèle de pré-dimensionnement à base de réseaux de réluctances et d'un modèle par éléments finis a été adopté. Cette démarche qui s'intégrerait le mieux dans un outil logiciel de conception sera détaillée dans le chapitre suivant.

# Chapitre III
# Nouvelle Méthodologie d'Optimisation des MSDE

## Résumé

*Dans ce chapitre nous présentons une nouvelle méthodologie de dimensionnement et d'optimisation des machines synchrones à double excitation. Dans un premier temps, l'optimisation se fera par un calcul analytique qui permettra de répondre rapidement au cahier des charges et de trouver les ordres de grandeur géométriques. Dans un second temps, une optimisation plus précise basée sur des calculs statiques par éléments finis en 2D permettra de trouver une géométrie optimale de la machine. Les différents modèles utilisés seront validés soit par des calculs par éléments finis, soit par comparaison à une machine existante, et l'ensemble modèle analytique/ modèle par éléments finis sera intégré dans un outil logiciel simple à utiliser. Une stratégie de commande basée sur le principe de défluxage est exploitée également dans ce chapitre. Elle consiste à contrôler le flux d'excitation dans la machine au delà de la vitesse de base au moyen de l'angle d'auto-pilotage et du courant d'excitation tout en optimisant le rendement total de la machine.*

# III.1 Introduction

L'introduction de la traction électrique dans les véhicules électriques et hybrides s'accompagne d'une recherche d'optimisation sur tout les aspects afin de diminuer leur consommation en énergie et d'augmenter leur rendement.

La conception des machines électriques pour les applications de voitures hybrides et électriques est une étape très importante car les performances du véhicule dépendent fortement de celles de sa motorisation ; cette étape nécessite donc une attention particulière. Pour mener à bien cette étape, des connaissances expertes dans la discipline concernée et l'application visée sont requises. Les principales exigences que l'on retrouve dans les cahiers des charges des machines pour voitures hybrides sont [12] :

  – Grande densité de puissance
  – Fort couple au démarrage et forte puissance à hautes vitesses
  – Fonctionnement sur une large plage de vitesses
  – Rendement élevé sur toute la plage de fonctionnement
  – Bon rendement en mode générateur
  – Fiabilité et robustesse
  – Coût raisonnable

En général, la conception d'une machine électrique passe par les étapes illustrées sur la figure III.1. A partir d'un cahier des charges clairement exprimé, on cherche à traduire et formuler mathématiquement les exigences du clients (en général sous forme de modèle inverse liant les données géométriques et physiques aux spécificités du cahier des charges). Ensuite vient la phase de résolution au moyen d'un algorithme ou méthode d'optimisation. Enfin une analyse des résultats est nécessaire pour valider la solution obtenue.

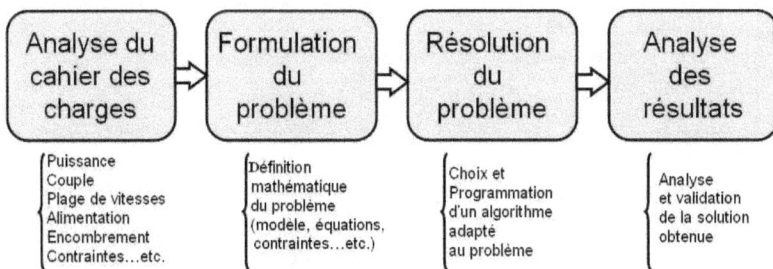

FIGURE III.1 – Méthodologie générale de conception d'une machine électrique

L'instrumentation scientifique de l'ensemble de ces étapes constitue une démarche de conception qui vise à explorer l'espace des solutions envisageables par l'emploi d'outils et de méthodes adaptés.

L'objectif de ce chapitre est de proposer une méthodologie de dimensionnement

et d'optimisation de la nouvelle structure MSDE (machine synchrone à double excitation) [20]. La figure III.2 donne une description générale de la démarche proposée.
Dans un premier temps, l'optimisation se fera par un calcul analytique à base de
réseaux de réluctances qui permettra de répondre rapidement au cahier des charges
et de trouver les ordres de grandeur des paramètres géométriques. Dans un second
temps, une optimisation plus précise basée sur des calculs statiques par éléments
finis permettra de trouver une géométrie optimale de la machine.

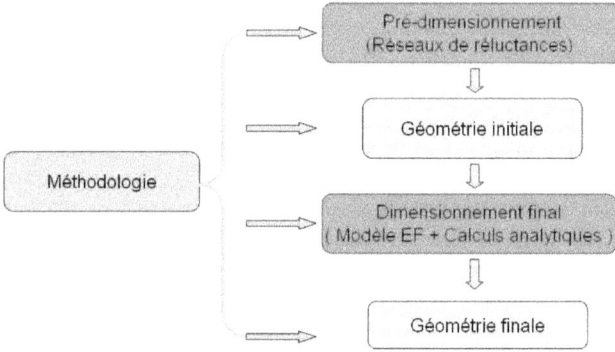

FIGURE III.2 – Démarche de dimensionnement appliquée à la MSDE

La démarche proposée dans ce chapitre concerne la MSDE développée dans la
thèse de Li [20]. Dans les sections qui suivent, nous détaillerons cette structure et
nous présenterons notre cahier des charges avant d'exposer en détail notre méthodologie de dimensionnement. Enfin, pour mettre en œuvre la méthodologie proposée,
nous présenterons une application conçue à l'aide du logiciel Matlab et son outil
dédié à l'optimisation.

## III.2   Cahier des charges

La première étape du processus de conception consiste à définir le cahier des
charges en déterminant les différents points de fonctionnement et les cycles d'opé-
ration. Le cahier des charges présenté dans cette section concerne une machine électrique de forte puissance à entraînement par courroie, destinée à l'entrainement des
voitures de la technologie Mild-hybride (projet MHYGALE) et positionnée comme
l'indique la figure III.3. Cette machine offrira les fonctions "Stop & Start", freinage
récupératif et assistance de couple ("boost"). Nous détaillerons le cahier des charges
dans plusieurs sous-sections afin de le rendre plus compréhensible.

FIGURE III.3 – Machine pour le projet MHYGALE

## III.2.a  Contraintes géométriques

Les principales contraintes géométriques de la machine sont établies sur la figure III.4 et le tableau III.1. Les dimensions extérieures (longueur totale, diamètre extérieur) sont figées par l'espace réservé à la machine dans le système de traction. Le diamètre de l'arbre est également imposé. Les autres paramètres seront soit libres, soit contraints d'évoluer dans une intervalle. Le dimensionnement des paramètres internes de la machine sera directement lié aux contraintes électromagnétiques que nous détaillerons par la suite.

TABLE III.1 – Dimensions générales de la machine

| Longueur totale maximale | mm | 170 |
|---|---|---|
| Longueur du fer stator | mm | 50 |
| Diamètre extérieur maximal | mm | 160 |
| Diamètre fer stator | mm | 144 |
| Diamètre entrefer | mm | - |
| Diamètre de l'arbre | mm | 18 |

## III.2.b  Caractéristiques électriques

Les caractéristiques électriques sont liées à la fois à la batterie, à l'onduleur et au circuit auquel la machine doit fournir de l'énergie électrique. La machine sera alimentée par un onduleur triphasé dont la tension de bus continu est de 50 V.

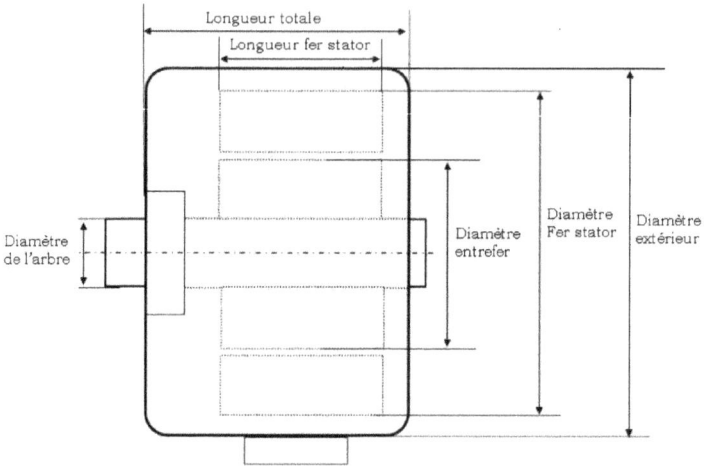

FIGURE III.4 – Dimensions générales de la machine

## III.2.c  Caractéristiques couple/vitesse

Les courbes couple-vitesse pour les deux modes de fonctionnement (générateur et moteur) sont présentées dans la figure III.5. Cette figure représente les principales exigences électromécaniques du cahier des charges. Le tableau III.2 détaille les performances principales que la machine doit garantir.

On peut résumer ces caractéristiques par deux plages de fonctionnement :

– Au démarrage et jusqu'à la vitesse de base, la machine doit fournir un couple de 50 N.m.

– Entre la vitesse de base et la vitesse maximale (16000 tr/min) la puissance mécanique est constante, elle est de 8 kW.

Le machine doit avoir un bon rendement (autour de 90%) dans les zones les plus sollicitées de la courbe couple/vitesse ; pour une application de voiture hybride cette zone se situe à faible et moyenne puissances [20].

TABLE III.2 – Spécifications électromécaniques du cahier des charges

| Puissance mécanique | KW | 8 @16000 tr/min |
|---|---|---|
| Couple de démarrage | N.m | 50 |
| Vitesse maximale | tr/min | 16000 |
| Rendement | % | >90 |
| Ondulations de couple max | % | <8 |

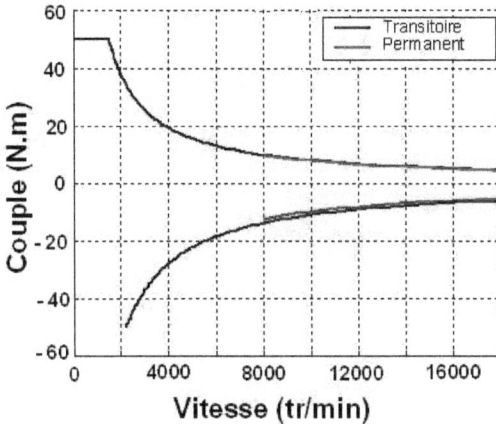

FIGURE III.5 – Caractéristiques couple/vitesse

## III.3  Présentation de la MSDE

### III.3.a  Structure

Les machines à griffes (simple et double excitations) sont aujourd'hui les machines les plus répandues dans le domaine des véhicules hybrides et électriques grâce à leur fabrication simple et leur coût faible, mais la progression technologique dans ce domaine exige de plus en plus d'excellentes performances de la part de la machine électrique. C'est dans ce cadre que la nouvelle structure de machine à double excitation MSDE a été développée dans la thèse de Li [20]. On présente dans la figure III.7 la structure de la MSDE. La machine présentée est composée d'un stator classique à bobinage distribué de 72 encoches et d'un rotor constitué d'aimants permanents insérés dans la région inter-polaire et de la bobine d'excitation. Le rotor est formé de 12 pôles.

### III.3.b  Performances

On présente les performances de cette machine dans dans le tableau III.3. Ces résultats vont nous permettre à la fois de valider notre méthodologie de conception mais aussi d'améliorer les performances de la machine dans la suite des travaux. On note que c'est une machine qui a été conçue pour une tension de 300 V (bus continu).

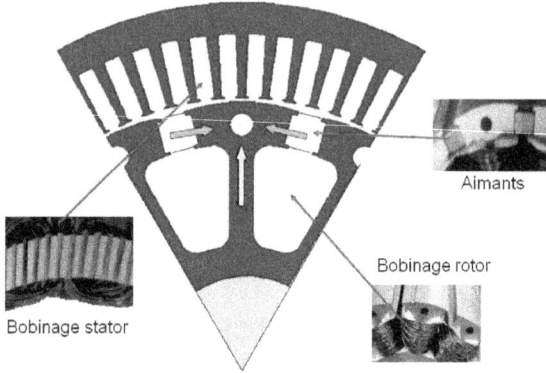

FIGURE III.6 – Structure de la nouvelle MSDE

TABLE III.3 – Performances de la MSDE 72/12 [  ]

| Vitesse (tr/mn) | 900 | 16000 |
|---|---|---|
| Couple utile (N.m) | 40 | 4.8 |
| Courant de phase Is (A) | 45 | 27.2 |
| Angle d'autopilotage $\varphi$ (°) | 20.3 | 77 |
| Tension phase-neutre $V_s$ (V) | 70.4 | 173.2 |
| Courant d'excitation $I_f$(A) | 20 | 15.8 |
| Pertes Joule rotor (W) | 516 | 323 |
| Pertes Joule stator | 2190 | 797 |
| Pertes fer stator (W) | 22 | 578 |
| Pertes mécaniques (W) | 1 | 550 |
| Puissance utile (W) | 3770 | 8035 |
| Rendement (%) | 58 | 78 |

# III.4   Modèle analytique de pré-dimensionnement

Le modèle analytique (réseaux de réluctances) que nous présentons ici nous permettra de faire un pré-dimensionnement de la machine. Le but est de profiter du calcul analytique pour répondre rapidement au cahier des charges et trouver une solution optimale. Le résultat de ce pré-dimensionnement va être pris comme solution initiale pour l'optimisation par éléments finis.

## III.4.a Principe théorique

La définition de la réluctance repose sur les expressions intégrales des équations de Maxwell en régime magnéto-statique [43] [33] (on ne prend pas en compte les effets induits dans les conducteurs). L'expression de Maxwell-Gauss (Equation III.1) exprime le flux magnétique en fonction de la section du tube S et du champs magnétique B. Celle de Maxwell-Ampère (Equation III.4) donne l'expression du potentiel magnétique entre deux points d'une ligne de champs.

$$\phi = \iint \overrightarrow{B}.\overrightarrow{dS} \qquad (III.1)$$

$$\theta_{A-B} = \int_{A}^{B} \overrightarrow{H}.\overrightarrow{dl} \qquad (III.2)$$

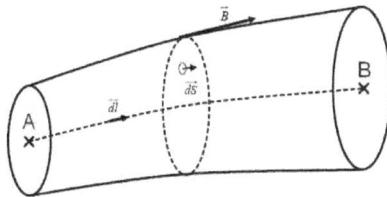

FIGURE III.7 – Tube de flux magnétique

Les deux champs H et B étant liés par la perméabilité et la section, l'équation III.4 peut s'écrire :

$$\theta_{A-B} = \int_{A}^{B} \frac{B.dl}{\mu} = \int_{A}^{B} B.S \frac{dl}{\mu.S} = \int_{A}^{B} \phi \frac{dl}{\mu.S} \qquad (III.3)$$

Sachant que le flux magnétique est conservatif on a :

$$\theta_{A-B} = \phi. \int_{A}^{B} \frac{dl}{\mu.S} \qquad (III.4)$$

C'est la loi d'Ohm magnétique, le rapport du potentiel $\theta$ et du flux $\phi$ nous donne l'expression de la réluctance (Equation III.5) qui dépend uniquement de la géométrie et du matériau du flux considéré.

$$R_{A-B} = \int_{A}^{B} \frac{dl}{\mu.S} \qquad (III.5)$$

Grâce à cette approche on peut établir une analogie entre les circuits électriques et les circuits magnétiques ; on dresse dans le tableau III.4 les différentes grandeurs magnétiques et leur correspondantes électriques.

TABLE III.4 – Analogie entre les circuits électriques et les circuits magnétiques

| Circuits électriques | | Circuits magnétiques | |
|---|---|---|---|
| Champs électrique | $\vec{E}$ | Champs magnétique | $\vec{H}$ |
| Champs électrique | $\vec{J}$ | Champs magnétique | $\vec{B}$ |
| Conductivité | $\sigma$ | Perméabilité | $\mu$ |
| Courant | I | Flux magnétique | $\phi$ |
| Potentiel | V | Potentiel magnétique | $\theta$ |
| Résistance | R | Réluctance | R |

Cette approche relativement simple nous permet donc de décomposer notre géométrie en sous-éléments (réluctances ou sources de potentiel) et de résoudre le circuit établi comme un circuit électrique en utilisant les même lois (lois de Kirchhoff) pour calculer le flux qui passe dans chaque élément du circuit.

Le but de la section suivante est d'identifier les différents tubes d'induction de la structure MSDE.

## III.4.b   Présentation du modèle

Sur la figure III.8 on présente une coupe en 2D de la structure étudiée avec le découpage en réluctances pour lequel nous avons opté. La géométrie considérée est celle de la machine représentée sur la figure III.7 qui est une machine de 72 encoches au stator et 12 pôles au rotor ; en profitant de la périodicité et la symétrie de cette structure nous avons réduit le modèle à $\frac{1}{12}$ ème de la géométrie totale (représentation d'un seul pôle).

La pertinence du modèle dépend fortement de la précision avec laquelle on découpe notre géométrie, autrement dit du nombre d'éléments du modèle et de la position de chaque élément. Le modèle en question va nous servir de modèle de prédimensionnement rapide intervenant comme première étape de la conception, et qui va être suivi par un modèle par éléments finis plus précis et plus fiable. C'est pour cela que l'on se limite à une discrétisation basique de la géométrie : Une seule réluctance représentant l'équivalent des dents statoriques, une réluctance par dent rotorique, deux réluctances pour les culasses rotor et stator, une réluctance pour l'entrefer et la réluctance interne de l'aimant.

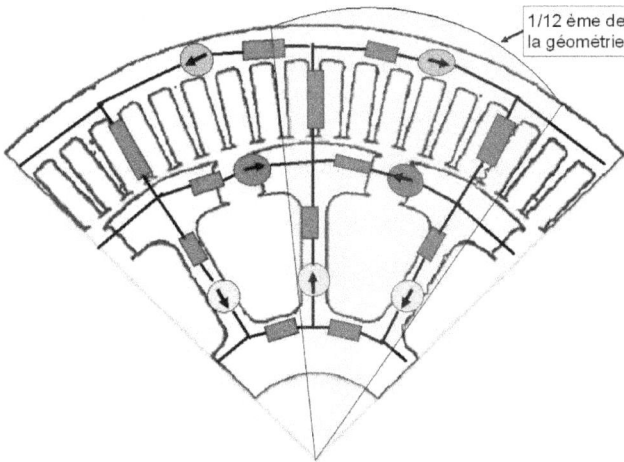

FIGURE III.8 – Décomposition de la géométrie

Le schéma de la figure III.9 représente le circuit magnétique dans l'axe direct d. Ce circuit possède 3 sources de potentiel :
– Les aimants représentés par la source $E_a$
– Le bobinage rotorique représenté par la source $E_r$
– Le bobinage statorique représenté par la source $E_s$

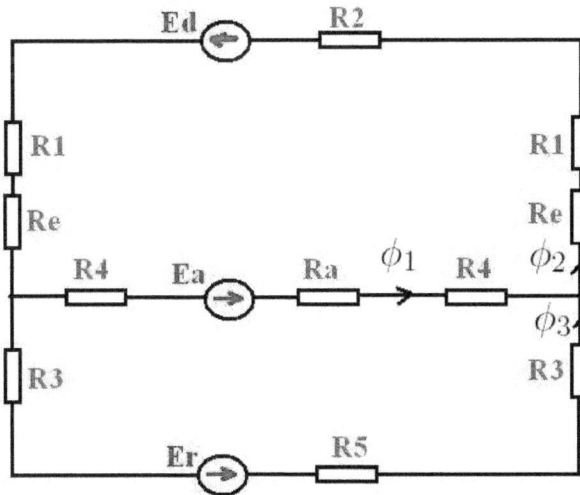

FIGURE III.9 – Réseau dans l'axe d

Contrairement au circuit précédant, le schéma de l'axe en quadrature q ne possède que la source $E_q$, il est donc plus simple à établir et à résoudre (figure III.10).

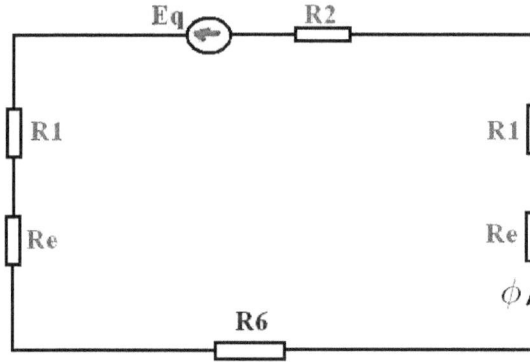

FIGURE III.10 – Réseau dans l'axe q

## III.4.c   Calcul des éléments du modèle

### III.4.c-i   Réluctances R1, R2, R3, R4, R5 et R6

Pour un tube de flux rectiligne la réluctance se calcule avec la formule suivante [ ] [ ] [ ] :

$$R = \frac{1}{\mu_0 \mu_r} * \frac{L}{S} \tag{III.6}$$

Avec :

L : Longueur de l'élément.

S : Section de passage du flux.

Dans le tableau III.5 on présente les formules de calcul des sections (S) et des longueurs (L) des différents éléments du modèle.

TABLE III.5 – Calcul des longueurs et des sections des éléments du modèle

| Elément | Longueur L | Section S |
|---------|-----------|-----------|
| R1 | $H_{ENCS}$ | $3 * L_u * EP_{DS}$ |
| R2 | $\pi * \frac{DSI + H_{ENCS} + DSE}{12}$ | $L_u * \frac{(DSE - 2*H_{ENCS} - DSI)}{2}$ |
| R3 | $H_{ENCR}$ | $EP_{DR} * L_u$ |
| R4 | $\frac{1}{2}\pi\frac{DSI}{12} - EP_{AIM}$ | $H_{AIM} * L_u$ |
| R5 | $\frac{1}{2}\pi\frac{D1 + DRA}{12}$ | $\frac{D1 - DRA}{2*Lu}$ |

R6=R5

| | |
|---|---|
| $H_{ENCS}$ | Hauteur de l'encoche statorique |
| DSI | Diamètre intérieur du stator |
| DSE | Diamètre extérieur du stator |
| $H_{ENCR}$ | Hauteur de l'encoche rotorique |
| $EP_{AIM}$ | Épaisseur d'aimant |
| $H_{AIM}$ | Hauteur d'aimant |
| $EP_{DS}$ | Épaisseur des dents statoriques |
| $EP_{DR}$ | Épaisseur des dents rotoriques |
| $L_u$ | Longueur utile |
| D1 | Diamètre moyen de la culasse rotorique |
| ENT | Entrefer |
| $\mu_0$ | Perméabilité magnétique absolue |
| $\mu_r$ | Perméabilité relative calculée à partir de la courbe B(H) de la tôle |

### III.4.c-ii  Réluctances Re et Ra

La réluctance de l'entrefer (Re) est calculée par la formule suivante :

$$Re = \frac{1}{\mu_0} * \frac{ENT}{Se} \tag{III.7}$$

$$Avec: \quad Se = \pi\frac{DSI}{12} * \frac{L_u}{2} \tag{III.8}$$

On calcule la réluctance interne de l'aimant par :

$$Ra = \frac{1}{\mu_0 * \mu_a} * \frac{EP_{AIM}}{Sa} \qquad \text{(III.9)}$$

$$Avec: \quad Sa = L_u * H_{AIM} \qquad \text{(III.10)}$$

Avec :

$\mu_a$      Perméabilité relative de l'aimant

### III.4.d   Prise en compte de la saturation au niveau des réluctances

Le stator et le rotor de la machine sont composés de tôles ferromagnétiques qui sont considérées comme un ensemble d'éléments infiniment petits, ou dipôles, dont le cycle d'hystérésis est rectangulaire [  ]. Ces matériaux magnétiques étant saturables, leur perméabilités, et par conséquent leurs réluctances, sont variables.

Pour prendre en compte le phénomène de saturation, nous calculons les réluctances comme dans les circuits linéaires, à la différence que la perméabilité n'est pas une constante d'entrée mais calculée à partir de l'état de saturation de l'élément considéré. La résolution s'effectue sous forme itérative partant d'une perméabilité relative initiale. La méthode adoptée pour la prise en compte de la saturation au niveau des éléments saturables consiste donc à faire varier la perméabilité relative des parties ferromagnétiques de la machine selon une loi non linéaire $\mu_r = f(H)$.

Plusieurs expressions analytiques de la caractéristique $B = f(H)$ existent dans la littérature [  ] [  ]. On choisi une expression basée sur une formulation en racine carré :

$$B(H) = \mu_0 H + Js(H_a + 1 - \frac{\sqrt{(H_a + 1)^2 - 4H_a(1 - \alpha)}}{2(1 - \alpha)}) \qquad \text{(III.11)}$$

$$H_a = \mu_0 H \frac{(\mu_{r0} - 1)}{Js} \qquad \text{(III.12)}$$

$\mu_0$      Perméabilité magnétique absolue
$\mu_{r0}$      Perméabilité relative donnant la pente
       à l'origine de la courbe B(H)
$J_s$      Induction à saturation
$\alpha$      Paramètre permettant de contrôler le
       coude de saturation

Afin de minimiser l'erreur entre les points de mesure et le calcul analytique, une recherche des meilleurs coefficients $\alpha$, $\mu_{r0}$ et $J_s$ a été réalisée avec la méthode des moindres carrés. Pour les tôles M330A35 on trouve :

$$\alpha = 0.5, \quad \mu_{r0} = 598 \quad J_s = 2$$

Les courbes résultantes sont montrées sur la figure 4.

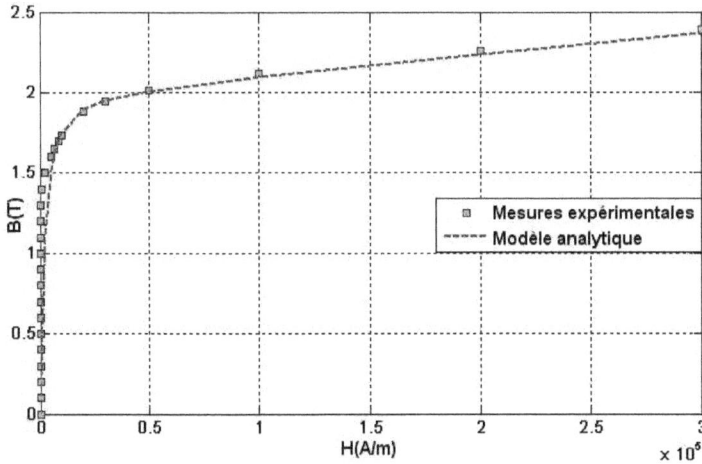

FIGURE III.11 – Caractéristique B = f(H) : Comparaison entre les mesures expérimentales et l'expression analytique

### III.4.e  Calcul des sources d'ampères-tours

La force magnétomotrice au stator est modélisée par deux sources d'ampères-tours équivalentes dans les axes d et q. Pour un bobinage à une encoche par pôle et par phase, l'amplitude du fondamental de la F.M.M est [20] [18] :

$$E = \frac{2}{pi} * Ns * Is \tag{III.13}$$

Is est la valeur crête du courant. Ns est le nombre de conducteurs en série dans une encoche.

Pour une machine à 6 paires de pôles et deux encoches par pôle et par phase, les conducteurs d'une phase sont répartis dans deux encoches consécutives décalées de 30 degrés électriques. La F.M.M. résultante de la phase devient

$$E_{ph} = 2 * E * cos(\frac{\pi}{12}) \tag{III.14}$$

D'où :
Pour le modèle d'axe d :

$$Ed = \frac{6}{pi} * Ns * Id * cos(\frac{\pi}{12}) \tag{III.15}$$

Pour le modèle d'axe q :

$$Eq = \frac{-6}{pi} * Ns * Iq * cos(\frac{\pi}{12})$$ (III.16)

La source d'excitation au rotor Er est modélisée par :

$$Er = Nr * Ir$$ (III.17)

L'aimant peut être modélisé par une source d'ampère-tours (Ea) en série avec une réluctance interne (Ra calculée précédemment) :

$$Ea = \frac{Br}{(\mu_0 \mu_a)} EP_{AIM}$$ (III.18)

Avec :

| | |
|---|---|
| Ns | Nombre de spires au stator |
| Nr | Nombre de spires au rotor |

## III.4.f   Mise en équation du modèle obtenu

### III.4.f-i   Réseau d'axe d

Les équations suivantes sont établies à partir du réseau d'axe d (Loi des mailles) :

$$\phi_1(2R4 + Ra) + \phi_2(2(R1 + Re) + R2) - Ed - Ea = 0$$ (III.19)

$$\phi_1(2R4 + Ra) - \phi_3(2R3 + R5) + Er - Ea = 0$$ (III.20)

$$\phi_1 - \phi_2 + \phi_3 = 0$$ (III.21)

La résolution du réseau des réluctances permet de connaître les valeurs du flux dans chaque réluctance élémentaire. Ainsi on trouve le flux dans l'axe d :

$$\phi_d = \phi_2$$

### III.4.f-ii   Réseau d'axe q

Le réseau d'axe q nous permet de calculer le Flux $\phi_q$ :

$$\phi_q = \frac{Eq}{R2 + 2 * R1 + 2 * Re + R6}$$ (III.22)

### III.4.g  Validation du modèle

Pour valider le modèle décrit ci-dessus, on utilise les résultats du calcul par éléments finis réalisé avec le logiciel Flux2D :

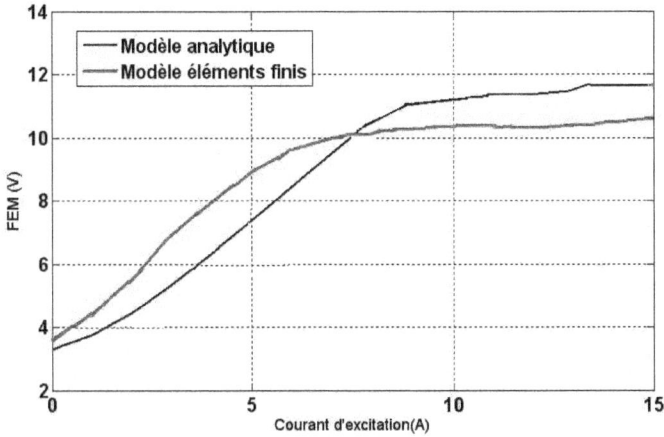

FIGURE III.12 – Validation du modèle analytique : Fem en charge en fonction du courant d'excitation pour Id=-20 A et Iq=100 A

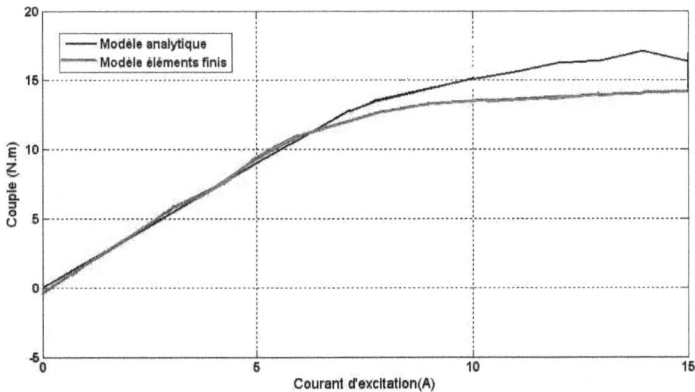

FIGURE III.13 – Validation du modèle analytique : Couple électromagnétique en fonction du courant d'excitation pour Id=-20 A et Iq=100 A

On observe que les courbes trouvées par les deux modèles ont les mêmes tendances d'évolution, toutefois les écarts entre les résultats des deux modèles ne sont pas négligeables. On rappelle que le but du modèle analytique n'est pas d'optimiser la machine, mais de trouver une géométrie qui va nous servir de solution initiale pour l'optimisation. Ces résultats semblent donc assez satisfaisants pour valider le modèle analytique de pré-dimensionnement.

### III.4.h   Conclusion

Le modèle analytique à base de réseaux de réluctances détaillé dans cette section est un outil simple et efficace pour une première conception de la machine, il propose une prédiction rapide et satisfaisante de la géométrie initial de la MSDE. Cependant, il est incapable de prendre en compte des phénomènes importants dans une machine électrique comme les pertes fer, la saturation croisée ou encore les flux de fuite. Dans le but de combler ces lacunes, nous avons développé un modèle plus précis. Il s'agit d'un modèle éléments finis statique couplé à des calculs analytiques. Dans la partie suivante nous présentons en détails ce modèle.

## III.5   Optimisation par combinaison de modèles analytiques et éléments finis

### III.5.a   Introduction

Dans le domaine du calcul des machines électriques, la méthode des éléments finis occupe une place très importante parmi les autres méthodes numériques (intégrales de frontière, différences finies, etc.), car elle est en mesure de traiter à la fois les géométries et les phénomènes complexes rencontrés en électromagnétisme [ ]. Cependant, cette méthode est souvent coûteuse en terme de temps de calcul (quelques minutes à plusieurs jours). Ce point devient un sérieux obstacle lorsqu'il s'agit d'un problème d'optimisation, car ceci nécessite un nombre important de simulations, qui augmente exponentiellement avec le nombre de paramètres à optimiser. Le coût global du calcul peut devenir donc un problème difficile, voire impossible à gérer. La méthode des éléments finis est donc très peu utilisée comme moyen d'optimisation des machines électriques et des dispositifs complexes en général.

Face au problème majeur du coût global des calculs, une réflexion est donc nécessaire qui permette d'aboutir à des solutions fiables et efficaces sans être coûteuses. Plusieurs approches ont été développées pour utiliser les méthodes des éléments finis dans des problèmes d'optimisation. On cite à titre d'exemple l'outil FGOT (Flux General Optimization Tool) développé au laboratoire G2ELAB [ ]. Il s'agit d'un outil logiciel d'optimisation couplé à Flux (2D et 3D) et basé sur une approche de plans d'expériences. [ ] [ ].

Dans la démarche que nous proposons, nous utilisons la méthode des éléments finis sous sa forme la plus basique, le calcul statique en 2D, qui est beaucoup plus rapide que d'autres types de calcul (figure II.2). Nous partons également sur une stratégie de réduction du nombre de paramètres à optimiser. La combinaison entre les surface de réponses et l'interpolation nous permet de réduire considérablement le nombre de simulations à effectuer. Enfin, grâce au modèle analytique développé précédemment, on réduit largement l'espace de recherche ou l'espace des solutions.

On peut lister les points forts de cette démarche comme suit :
- Réduction de l'espace de recherche grâce à un pré-dimensionnement analytique.
- Réduction du coût de calcul : Utilisation d'un modèle statique en 2D combiné à des calculs analytiques (Formules de Park).
- Réduction du nombre de paramètres à optimiser : Sélection des paramètres géométriques principaux de la structure. Il faut dire aussi que dans notre cas, plusieurs variables sont fixées par notre cahier des charges (diamètre extérieur et longueur utile par exemple).
- Réduction du nombre de simulations : Combinaison entre les surfaces de réponses et les outils d'interpolation.

## III.5.b  Principe

Il s'agit d'établir des cartographies de flux associant un modèle de Park (modèle d-q) et une méthode de calcul par éléments finis statique (logiciel Flux2D). Le modèle repose sur l'hypothèse que les flux d'axe d et q sont indépendants de la position rotorique [47].

Comme l'indique la figure III.14, la donnée d'entrée est la géométrie initiale obtenue à partir du modèle analytique de pré-dimensionnement. L'idée est de lancer des calculs par éléments finis statique (temps de calcul relativement faible) pour récupérer les flux dans le repère d-q en fonction des paramètres géométriques, ensuite on calcule les performances de la machine grâce aux formules analytiques (modèle de Park) pour construire les surfaces de réponses sous forme de caractéristiques principales de la machine (flux, puissance, couple, etc.) en fonction des grandeurs d'entrée (paramètres géométriques). Enfin on fait appel aux fonctions d'optimisation et d'interpolation pour trouver la géométrie optimale de la machine.

## III.5.c  Calcul statique par éléments finis

Le logiciel utilisé pour ces calculs est Flux2D, co-développé dans un partenariat entre le laboratoire G2ELAB et la société Cedrat ; il est convenable pour les analyses statiques, harmoniques et transitoires. Ce logiciel offre la possibilité d'être guidé par un autre logiciel de calcul comme Matlab ; cette particularité nous sera très utile par la suite car elle va nous permettre d'automatiser complètement le calcul par éléments finis. Elle nous permettra aussi d'avoir une seule interface utilisateur que nous avons conçus dans le cadre de l'outil logiciel dédié à notre démarche de conception.

Après avoir calculé la géométrie initiale, on définit les intervalles de variation des paramètres géométriques sous forme de grilles de calcul. Ces matrices nous per-

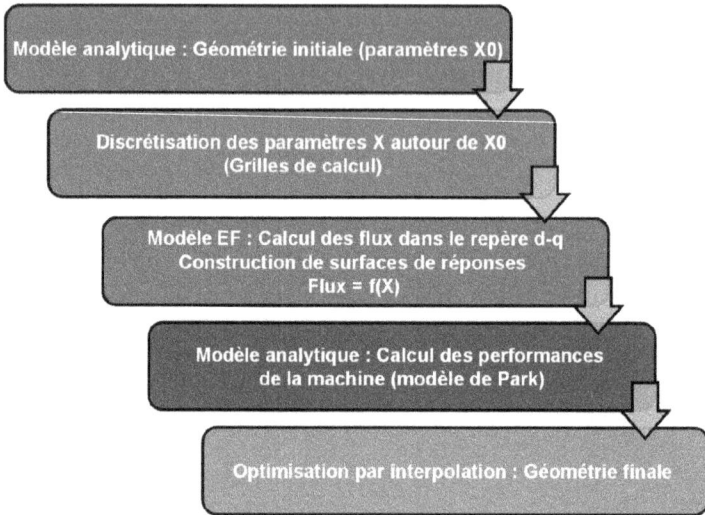

FIGURE III.14 – Principe de l'optimisation par combinaison de modèles analytiques et éléments finis

mettent de balayer l'ensemble de l'espace des solutions. Elle seront utilisées comme données d'entrée pour la boucle de calcul (Figure III.15).

Pour une géométrie donnée, les flux des trois phases ($\phi_a,\phi_b,\phi_c$) sont évalués avec un calcul statique. Ensuite les flux direct et en quadrature ($\phi_d,\phi_q$) sont déduits par une transformation de Park.

## III.5.d  Transformation de Park

Le modèle utilisé pour la machine est exprimé dans le repère de Park. Dans ce paragraphe on donne un petit rappel sur cette transformation.

La transformation de Park est constituée d'une transformation triphasé-diphasé suivie d'une rotation. Elle permet de passer du repère abc vers le repère $\alpha\beta$ puis vers le repère dq. Le repère $\alpha\beta$ est toujours fixe par rapport au repère abc. Par contre le repère dq est mobile. Il forme avec le repère fixe $\alpha\beta$ un angle dit angle de la transformation de Park ou angle de Park, dans notre application, cet angle est appelé $\theta_e$. Etant donné que l'on aligne les deux axes A et d, $\theta_e$ peut prendre 0 ou $\pi$ comme valeur selon le sens du bobinage du stator.

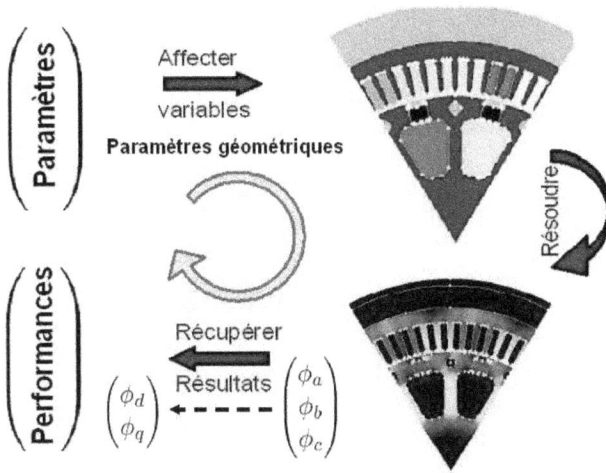

FIGURE III.15 – Boucle de calcul EF

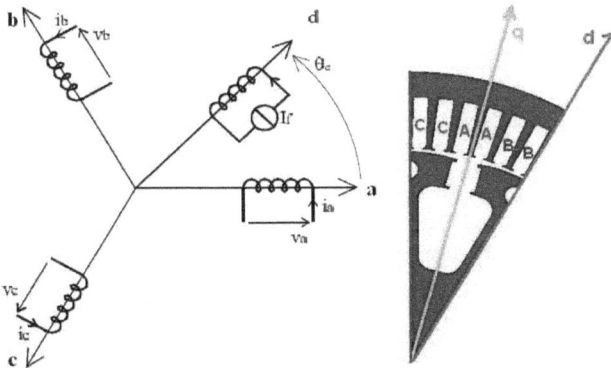

FIGURE III.16 – Transformation de Park dans la MSDE

On obtient la transformation de Park à partir de la décomposition des forces magnétomotrices. On interprète cette transformation comme la substitution, aux enroulements de phases a,b,c dont les conducteurs et les axes magnétiques sont immobiles par rapport au stator, de deux enroulements d et q, dont les axes magnétiques sont solidaires du rotor et tournent avec lui.

Après application de la transformation de Park, les enroulements de la MSDE sont ceux représentés à la figure III.16.

La relation matricielle dite « Transformation de Park » est la suivante :

### III.5.d-i   Transformation abc vers dq

$$\begin{pmatrix} x_d \\ x_q \\ x_0 \end{pmatrix} = \frac{2}{3} \begin{pmatrix} cos(\theta_e) & cos(\theta_e - \frac{2\pi}{3}) & cos(\theta_e - \frac{4\pi}{3}) \\ -sin(\theta_e) & -sin(\theta_e - \frac{2\pi}{3}) & -sin(\theta_e - \frac{4\pi}{3}) \\ \frac{1}{2} & \frac{1}{2} & \frac{1}{2} \end{pmatrix} \begin{pmatrix} x_a \\ x_b \\ x_c \end{pmatrix} \qquad (III.23)$$

### III.5.d-ii   Transformation dq vers abc

$$\begin{pmatrix} x_a \\ x_b \\ x_c \end{pmatrix} = \begin{pmatrix} cos(\theta_e) & -sin(\theta_e) & 1 \\ cos(\theta_e - \frac{2\pi}{3}) & -sin(\theta_e - \frac{2\pi}{3}) & 1 \\ cos(\theta_e - \frac{4\pi}{3}) & -sin(\theta_e - \frac{4\pi}{3}) & 1 \end{pmatrix} \begin{pmatrix} x_d \\ x_q \\ x_0 \end{pmatrix} \qquad (III.24)$$

Le coefficient $\frac{2}{3}$ a été choisi parce qu'il entraine les relations les plus simples entre les valeurs numériques associées aux systèmes d,q d'une part et a,b,c d'autre part. Il faut cependant signaler que certains auteurs utilisent des coefficients rendant orthonormée la matrice de l'équation III.23 . Pour cela il suffit d'y remplacer Les coefficients $\frac{2}{3}$ et $\frac{1}{2}$ respectivement par $\sqrt{\frac{2}{3}}$ et $\sqrt{\frac{1}{2}}$. Ce qui nous donne la transformation de Park suivante dite orthonormée :

$$\begin{pmatrix} x_d \\ x_q \\ x_0 \end{pmatrix} = \sqrt{\frac{2}{3}} \begin{pmatrix} cos(\theta_e) & cos(\theta_e - \frac{2\pi}{3}) & cos(\theta_e - \frac{4\pi}{3}) \\ -sin(\theta_e) & -sin(\theta_e - \frac{2\pi}{3}) & -sin(\theta_e - \frac{4\pi}{3}) \\ \sqrt{\frac{1}{2}} & \sqrt{\frac{1}{2}} & \sqrt{\frac{1}{2}} \end{pmatrix} \begin{pmatrix} x_a \\ x_b \\ x_c \end{pmatrix} \qquad (III.25)$$

En pratique ce dernier choix permet la conservation de la puissance. Cependant, vu la simplicité de la première transformation (relation entre les grandeurs dq et abc), elle sera surtout utilisée dans le reste des développements.

### III.5.d-iii   Vérification de la transformation inverse

On utilise les deux transformations (directe et inverse), en partant de $x_a$ pour retrouver la même valeur $x_a$ :

$$x_a = x_d cos(\theta_e) - x_q sin(\theta_e) + x_0 \qquad (III.26)$$

$$x_d = \frac{2}{3}(x_a cos(\theta_e) + x_b cos(\theta_e - \frac{2\pi}{3}) + x_c cos(\theta_e - \frac{4\pi}{3})) \qquad (III.27)$$

$$x_q = \frac{2}{3}(-x_a sin(\theta_e) - x_b sin(\theta_e - \frac{2\pi}{3}) - x_c sin(\theta_e - \frac{4\pi}{3})) \qquad (III.28)$$

$$x_0 = 0 \qquad (III.29)$$

$$x_a = \frac{2}{3}(x_a + (x_b + x_c)cos(-\frac{2\pi}{3})) = x_a \qquad (III.30)$$

## III.5.e   Surfaces de réponses

C'est une base de données que l'on construit à partir des résultats des calculs statiques. Il s'agit principalement des cartographies des flux d'axes d-q en fonction des paramètres géométriques. La cartographie de flux consiste, en effet, à définir une grille de variation des paramètres géométriques. Ces paramètres sont ensuite évalués par le modèle éléments finis, qui détermine les flux dans les trois phases, puis on en déduit les flux magnétisants d'axe d et q par une transformation de Park.

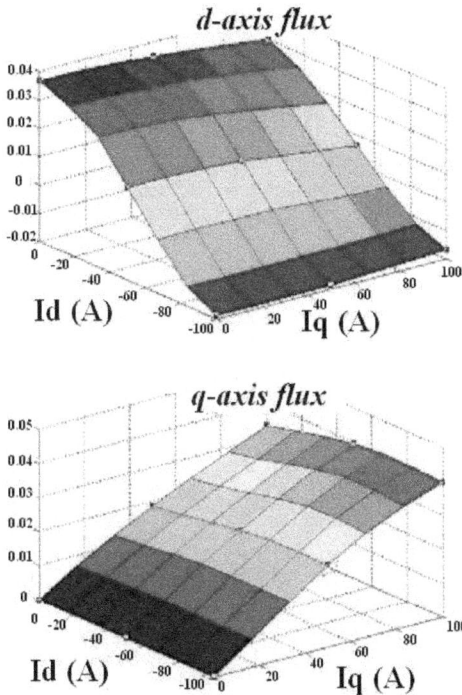

FIGURE III.17 – Flux dans les axes d-q en fonction des courants statoriques (Id, Iq) pour une géométrie donnée avec Iexc=7A

## III.5.f   Calculs analytiques

L'étude numérique précédente a permis d'obtenir les cartographies des flux en fonction des paramètres géométriques pour une machine synchrone à double excitation. Ces données serviront de base aux calculs analytiques.

La figure III.18 montre le diagramme équivalent de la MSDE dans le repère de

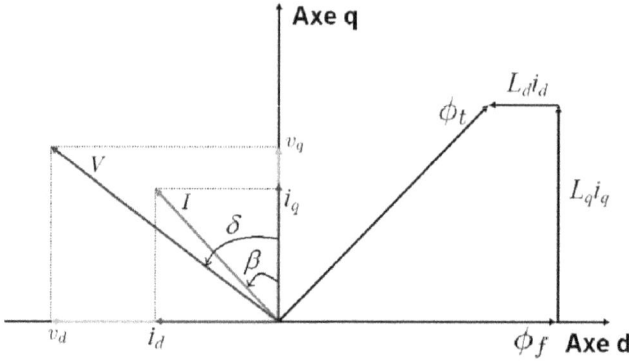

FIGURE III.18 – Diagramme équivalent de la MSDE dans le repère d-q

Park (repère d-q). A partir des cartographies des flux, on peut calculer les différentes caractéristiques de la machine. Pour cela, nous exploitons les formules analytiques disponibles dans la littérature des machines synchrones. Pour un point donné, on donne les différentes équations électromagnétiques de la machine [18] :

- Courant :

$$I = \sqrt{i_d^2 + i_q^2} \tag{III.31}$$

- Flux

$$\phi_d = \phi_d(i_d, i_q, i_f) \tag{III.32}$$

$$\phi_q = \phi_q(i_d, i_q, i_f) \tag{III.33}$$

- Pertes fer

$$P_{fer} = P_{fer}(i_d, i_q, i_f)^* \tag{III.34}$$

- Pertes Joule

$$P_j = 3R_s I_{rms}^2 + R_r I f^2 \tag{III.35}$$

- Couple électromagnétique

$$C_{em} = \frac{3}{2} p(\phi_d i_q - \phi_q i_d) \tag{III.36}$$

- Tension

$$v_d = R_s I d - \omega_s \phi_q \tag{III.37}$$

$$v_q = R_s I q + \omega_s \phi_d \tag{III.38}$$

$$V = \sqrt{v_d^2 + v_q^2} \tag{III.39}$$

- Puissance électrique

$$P_e = \frac{3}{2} (v_d i_d + v_q i_q) \tag{III.40}$$

| Symbole | Unité | désignation |
|---------|-------|-------------|
| $i_d$ | A | Courant d'axe d |
| $i_q$ | A | Courant d'axe q |
| $I$ | A | Courant stator |
| $i_f$ | A | Courant d'excitation |
| $\phi_d$ | wb | Flux d'axe d |
| $\phi_q$ | wb | Flux d'axe q |
| $\phi_f$ | wb | Flux crée par le rotor (excitation & aimants |
| $\phi_t$ | wb | Flux total |
| $\delta$ | ° | Angle interne |
| $\beta$ | ° | Angle d'autopilotage |
| $p$ | - | Nombre de paire de pôles |
| $C_{em}$ | N.m | Couple électromagnétique |
| $R_s$ | Ω | Résistance statorique |

N.B : Pour le calcul des pertes fer, un modèle analytique a été intégré dans les calcul, nous détaillerons ce modèle par la suite.

## III.5.g    Validation du modèle

Des simulations par éléments finis en régime transitoire nous serviront pour la validation de notre modèle qui combine un calcul statique par élément finis et un calcul analytique avec les formules de Park.

Pour une machine synchrone à double excitation de 72 encoches et 12 pôles, on donne les courbes comparatives des résultats obtenus par notre modèle et ceux calculés par le logiciel flux2D.

Pour le moteur non alimenté (à vide), la fem calculée à partir des expressions analytiques est très proche du calcul éléments finis (Figure III.19).

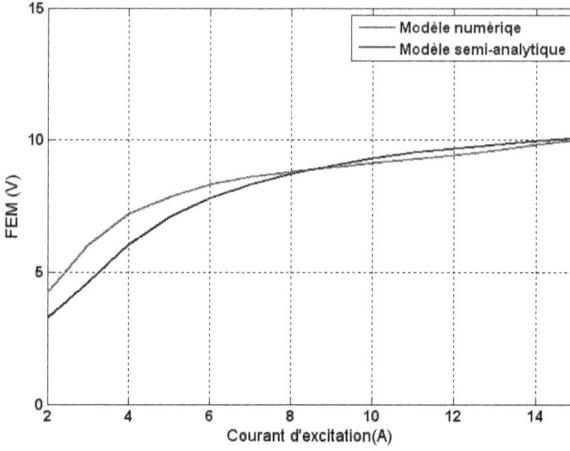

FIGURE III.19 – Validation du modèle semi-analytique : fem à vide en fonction du courant d'excitation à 2000 tr/mn

De la même façon, le modèle permet d'estimer avec précision la fem en charge (figure III.20). Le stator est alimenté par un courant sinusoïdal de 20 A crête dans l'axe d et 100 A dans l'axe q :

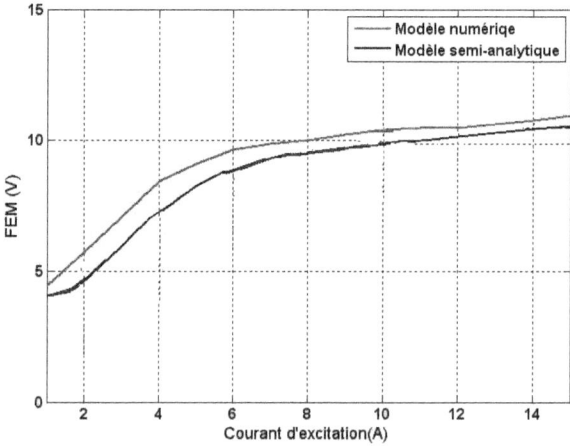

FIGURE III.20 – Validation du modèle semi-analytique : fem en charge en fonction du courant d'excitation pour Id=-20 A et Iq=100 à 2000 tr/mn

Le calcul du couple utilisant les cartographies de flux et la formule issue de la théorie de Park a été validé par des simulations par éléments finis. Les résultats en fonction du courant d'excitation puis en fonction de l'angle d'auto-pilotage sont montrés respectivement sur les figures III.21 et III.22 :

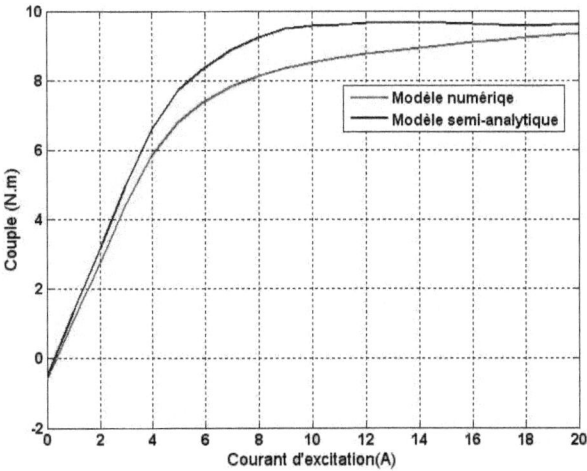

FIGURE III.21 – Validation du modèle semi-analytique : Couple électromagnétique en fonction du courant d'excitation pour Id=-20 A et Iq=100 A à 2000 tr/mn

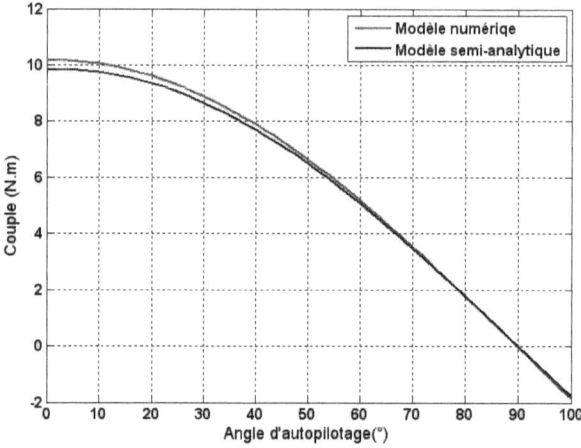

FIGURE III.22 – Validation du modèle semi-analytique : Couple électromagnétique en fonction de l'angle d'auto-pilotage pour If=20 A et Is=100 A à 2000 tr/mn

D'une manière générale, le modèle fournit des résultats très proches des calculs par éléments finis. Nous pouvons donc le considérer comme validé.

## III.5.h    Intégration d'un modèle des pertes fer

Le modèle que nous avons présenté jusqu'à présent nous permet de calculer avec précision les principales caractéristiques de la machine (tension, couple, puissance, pertes Joule, etc.). Pour le rendre plus complet, un calcul des pertes fer est nécessaire afin de bien estimer le rendement de la machine.

Pour cela nous choisissons une formulation de type Bertotti pour représenter les pertes fer statoriques. Celle-ci a en effet l'avantage de pouvoir être mise en œuvre aisément et de donner des résultats convenables après adaptation.

### III.5.h-i    Formulation de Bertotti

Selon la formulation de Bertotti [ ] [ ], on exprime les pertes fer totales en trois termes :

• Les pertes par hystérésis (P1) proportionnelles à la fréquence f, qui sont significatives uniquement à basses fréquences.

• Les pertes classiques (P2) proportionnelles à $f^2$.

• Les pertes supplémentaires ou en excès (P3) proportionnelles à $f^{3/2}$.

L'expression de la densité volumique des pertes fer s'écrit :

$$dP(t) = k_h B_m^2 f + \sigma \frac{d^2}{12} [\frac{dB}{dt}(t)]^2 + K_e [\frac{dB}{dt}(t)]^{\frac{3}{2}} \qquad \text{(III.41)}$$

Ou :

- $k_h$ est le coefficient de pertes par hystérésis.
- $k_e$ est le coefficient de pertes en excès.
- $\sigma$ est la conductivité du matériau.
- d est l'épaisseur de la tôle.
- $B_m$ est l'induction maximale atteinte.

### III.5.h-ii    Estimation des coefficients de Bertotti

Pour déterminer les coefficients $k_h$ et $k_e$, on se réfère aux informations fournies par les fabricants des tôles, par exemple les données de la nuance M330 35 (Figure III.23). Généralement les fabricants fournissent la valeur des pertes magnétiques pour différentes valeurs d'induction et de fréquence. Deux valeurs de pertes, pour deux valeurs d'induction magnétique et/ou de fréquence suffisent pour déterminer ces coefficients :

- Exemple :

|      | W 100 Hz | W 210 Hz |        | W 600 Hz | W 700 Hz | W 800 Hz | W 1200 Hz | W 1400 Hz | W 1600 Hz |
|------|------|------|------|------|------|------|------|------|------|
| 0,10 | 0,123 | 0,151 | 0,180 | 0,657 | 0,871 | 1,17 | 1,98 | 2,54 | 3,24 |
| 0,15 | 0,267 | 0,327 | 0,390 | 1,45 | 1,84 | 2,25 | 4,13 | 5,32 | 6,70 |
| 0,20 | 0,455 | 0,557 | 0,666 | 2,47 | 3,12 | 3,85 | 6,96 | 8,83 | 11,2 |
| 0,25 | 0,680 | 0,833 | 1,00 | 3,70 | 4,67 | 5,69 | 10,3 | 13,2 | 16,3 |
| 0,30 | 0,940 | 1,15 | 1,40 | 5,10 | 6,41 | 7,71 | 14,3 | 17,8 | 22,4 |
| 0,35 | 1,23 | 1,52 | 1,82 | 6,60 | 8,26 | 10,2 | 18,5 | 23,4 | 29,0 |
| 0,40 | 1,56 | 1,91 | 2,30 | 8,36 | 10,5 | 12,7 | 23,5 | 29,5 | 36,6 |
| 0,50 | 2,27 | 2,80 | 3,37 | 12,4 | 15,6 | 19,0 | 35,0 | 44,0 | 54,9 |
| 0,60 | 3,10 | 3,80 | 4,58 | 17,3 | 21,7 | 26,2 | 49,1 | 62,2 | 76,9 |
| 0,70 | 4,00 | 4,95 | 5,97 | 22,9 | 29,0 | 34,9 | 65,9 | 87,1 | 105 |
| 0,80 | 5,03 | 6,24 | 7,55 | 29,6 | 37,6 | 45,3 | 85,4 | 110 | 139 |
| 0,90 | 6,18 | 7,70 | 9,33 | 37,3 | 47,6 | 57,3 | 111 | 143 | 180 |
| 1,00 | 7,47 | 9,31 | 11,3 | 46,3 | 59,4 | 71,8 | 140 | 182 | 228 |
| 1,10 | 8,91 | 11,2 | 13,6 | 56,5 | 72,8 | 87,8 | 174 | 223 | 285 |
| 1,20 | 10,6 | 13,2 | 16,1 | 68,5 | 88,6 | 107 | 216 | 277 | 355 |
| 1,30 | 12,4 | 15,6 | 19,0 | 82,3 | 107 | 131 | 260 | 341 | 433 |
| 1,40 | 14,5 | 18,2 | 22,3 | 98,4 | 128 | 158 | 314 |  |  |

FIGURE III.23 – Tableau des pertes fer dans la nuance M 330 35

Pour la tôle M 330 35 utilisée dans notre modèle, les valeurs des pertes à 240Hz pour $B_m = 0.15T$ et $B_m = 1.4T$ permettent de calculer les coefficients $k_e$ et $k_h$ :

- $k_h = 160.37 \ WsT^{-2}m^{-3}$
- $k_e = 0.87 \ W(Ts^{-1})^{\frac{-3}{2}}m^{-3}$

Pour les différents éléments du tableau de la nuance M330 (III.23), on présente dans la figure III.24 les valeurs des coefficients de Bertotti.

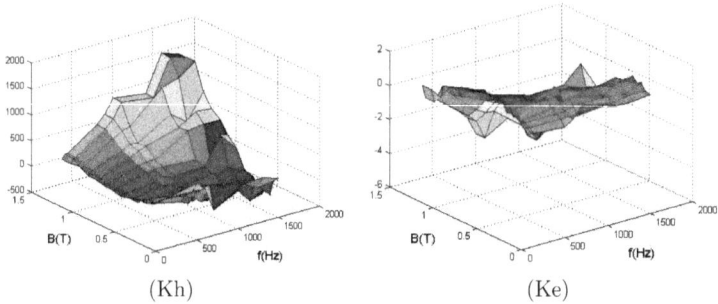

(Kh)                                    (Ke)

FIGURE III.24 – Variation des coefficients de Bertotti.

On remarque que les coefficients $K_h$ et $K_e$ varient en fonction de la fréquence et de l'induction.

Pour avoir un modèle précis nous allons exprimer les coefficients de Bertotti en fonction de la fréquence, et à chaque vitesse on peut trouver les valeurs de ces coefficients par interpolation.

Pour une fréquence donnée, on calcule les coefficients de Bertotti avec la méthode des moindres carrés afin de balayer toutes les valeurs d'induction. Cette méthode nous permettra d'avoir une meilleure précision de calcul.

Grâce à cette méthode, on cale bien nos calculs avec les mesures fournies par le fabricant des tôles (figure III.25).

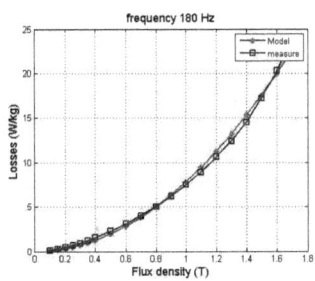

(a)

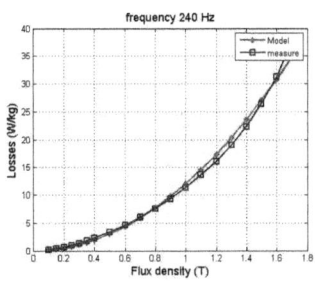

(b)

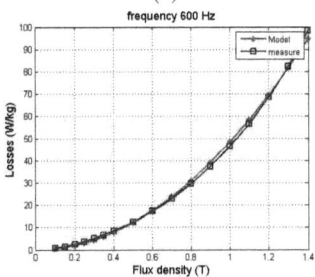

(c)

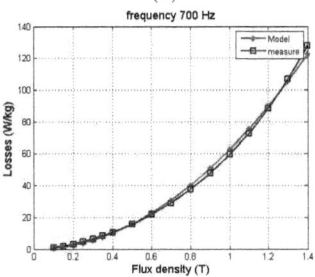

(d)

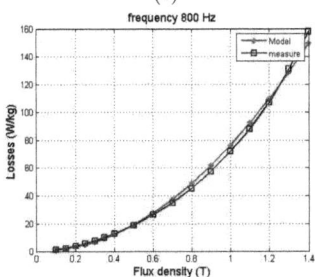

(e)

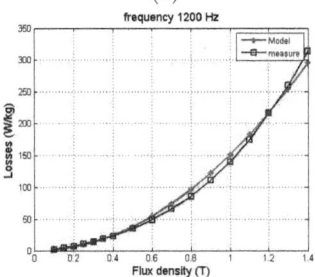

(f)

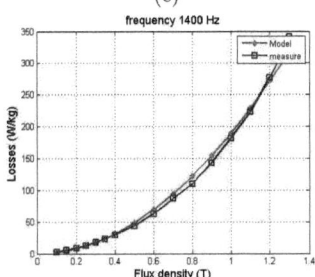

(g)

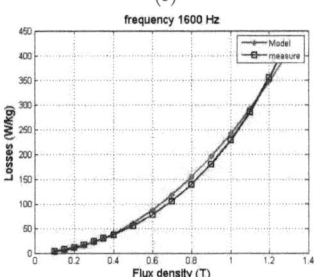

(h)

FIGURE III.25 – Validation des coefficients de Bertotti pour différentes fréquences :
(a) f=180Hz, (b) f=240Hz, (c) f=600Hz , (d) f=700Hz , (e) f=800Hz , (f) f=1200Hz
, (g) f=1400Hz, (h) f=1600Hz.

### III.5.h-iii    Calcul des pertes fer statoriques avec le modèle de Bertotti

Nous avons vu dans les sections précédentes que pour calculer les performances de la machine, on dispose d'un coté des surfaces de réponses établies avec des calculs par éléments finis, et d'un autre coté des formules analytiques (dites de Park). Or pour le calcul des pertes fer, selon le modèle de Bertotti (Equation III.41), en plus des données sur le matériaux (conductivité $\sigma$ coefficients $K_e$ et $K_h$), il nous faut la forme de l'induction B dans les parties considérées. Nous proposons donc de profiter des mêmes boucles de calcul (Section III.5.c ) pour relever les allures d'induction.

A partir d'un calcul par éléments finis on trouve l'allure de la distribution spatiale de l'induction dans l'entrefer. Ensuite on calcule l'induction dans les dents et dans la culasse statorique (Equations III.42 et III.43). En introduisant la vitesse on trouve l'évolution de l'induction dans les différentes zones en fonction du temps [ ]. Sur la figure III.26 on montre les allures de l'induction dans l'entrefer, les dents et la culasse stator. Les dérivées de ces courbes sont présentées sur la figure III.27.

$$B_d = \frac{1}{l_{ds}} \int_{\theta}^{\theta+\tau_d} B_e r_{si} d_\theta \qquad \text{(III.42)}$$

$$B_c = \frac{1}{2h_c} \int_{\theta}^{\theta+\tau_p} B_e r_{si} d_\theta \qquad \text{(III.43)}$$

Avec :

- $B_d$ : Induction dans les dents.
- $B_c$ : Induction dans la culasse.
- $\tau_d$ : Pas dentaire.
- $\tau_p$ : Pas polaire.
- $l_{ds}$ : Épaisseur d'une dent.
- $h_c$ : Hauteur de la culasse.

Il suffit ensuite d'appliquer la formule de Bertotti (Equation III.41) pour trouver la densité volumique des pertes fer dans chaque région (Figure III.28). En multipliant les résultats trouvés par les volumes correspondants, on trouve les pertes totales en fonction du temps (figure III.29).

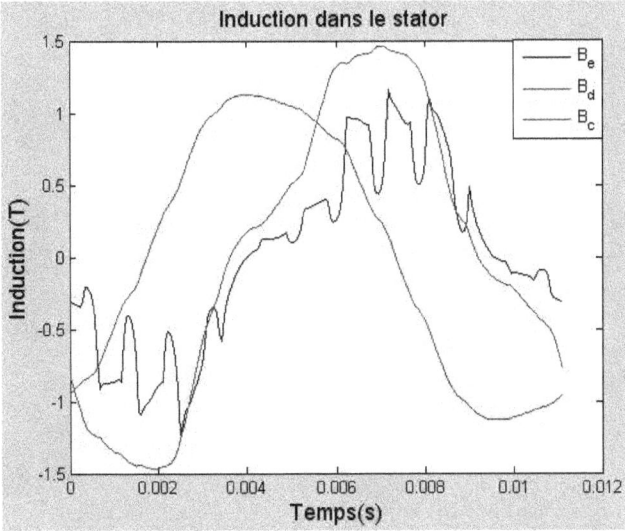

FIGURE III.26 – Formes des inductions dans l'entrefer, les dents et la culasse statoriques.

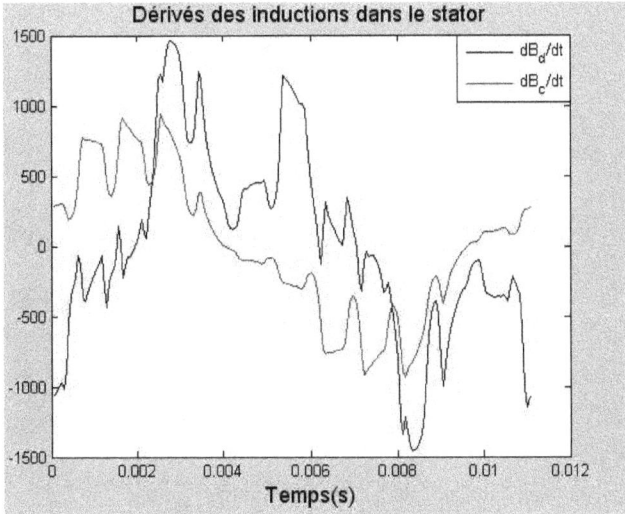

FIGURE III.27 – Dérivées des inductions dans les dents et la culasse statoriques.

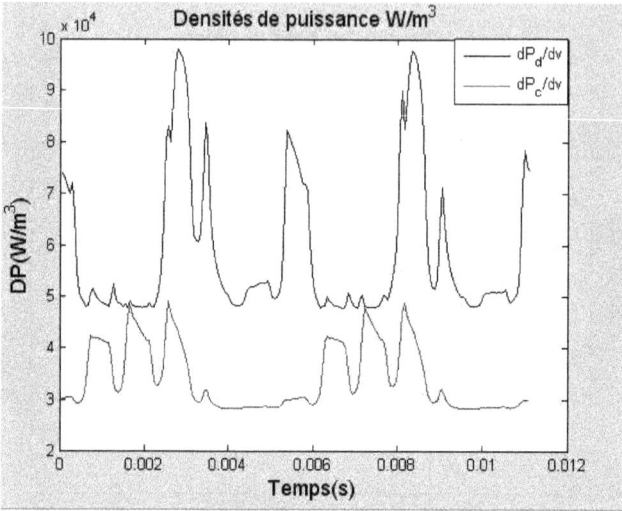

FIGURE III.28 – Densité volumique des pertes fer au stator.

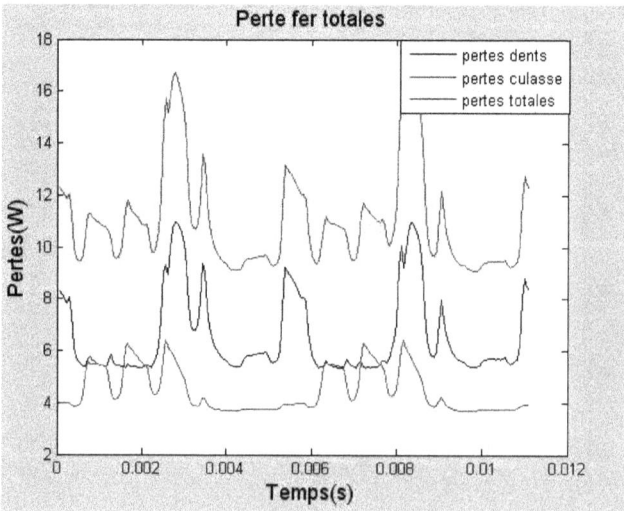

FIGURE III.29 – Pertes fer stator.

### III.5.h-iv  Validation du modèle des pertes fer

La validation du modèle est effectuée par comparaison avec des calculs par éléments finis. Les figures III.30 et III.31 montrent une comparaison entre le modèle et un calcul par éléments finis à l'aide du logiciel Flux2d pour deux vitesses de fonctionnement : 900 tr/mn et 9000tr/mn.

Cette comparaison montre que le modèle simule raisonnablement les pertes fer dans la machine, on peut donc intégrer le modèle dans notre démarche de conception.

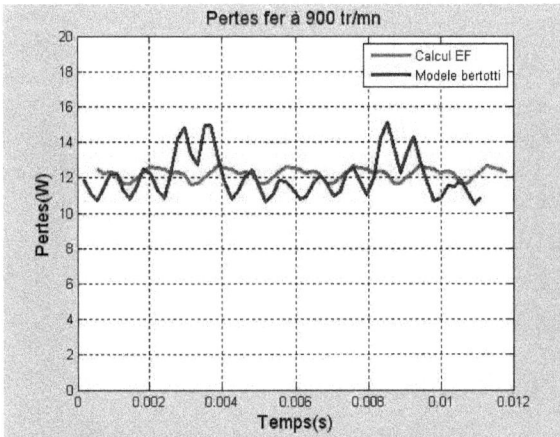

FIGURE III.30 – Validation du modèle des pertes fer @ 9000tr/mn.

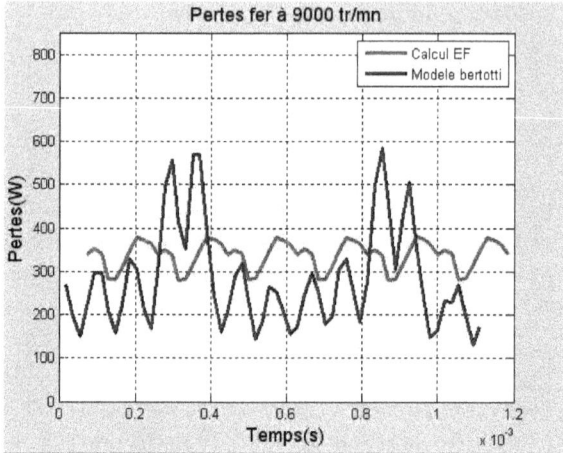

FIGURE III.31 – Validation du modèle des pertes fer @ 9000tr/mn.

## III.5.i   Optimisation

Le but de cette optimisation est de répondre au cahier des charges illustré sur la figure III.32. On distingue trois points essentiels de fonctionnement :

- Point 1 : Au démarrage et jusqu'à la vitesse de base, le moteur doit fournir le couple constant imposé par les spécifications du cahier des charges.
- Point 2 : A la vitesse maximale, on doit s'assurer du bon défluxage de la machine : au vu des limitations de courant et de tension données par le cahier des charges, la machine doit fournir une puissance constante donnée.
- Point 3 : C'est le centre de la zone de fonctionnement où la machine est la plus utilisée. Ici on minimise les pertes totales dans la machine, autrement dit, on maximise le rendement total de la machine.

L'objectif principal de l'optimisation est donc de maximiser le rendement du point 3 tout en respectant les contraintes imposées aux point 1 et 2.

$$Minimiser \qquad f(x) \tag{III.44}$$

### III.5.i-i   Algorithme d'optimisation

Comme nous l'avons introduit dans la section II.2, on utilise l'algorithme d'optimisation proposé par la toolbox d'optimisation de MATLAB qui est basé sur la méthode SQP (Successive Quadratic Programming).

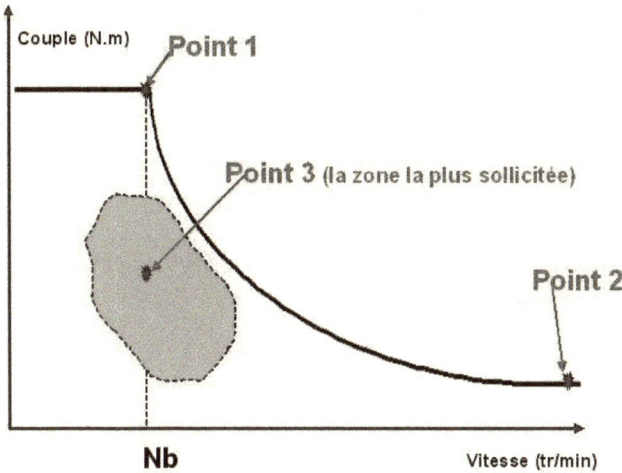

FIGURE III.32 – Cahier des charges : Optimisation sur trois points de fonctionnement.

### III.5.i-ii   Méthode SQP

La méthode SQP consiste à résoudre un problème d'optimisation pour un nombre de variables limité sous la forme générale suivante :

$$Minimiser \qquad f(x) \tag{III.45}$$

$$Avec \qquad g_i(x) < 0 \quad i = 1, ..., n. \tag{III.46}$$

$$Et \qquad h_k(x) = 0 \quad k = 1, ..., p. \tag{III.47}$$

Où f (x) est la fonction objective, x est le vecteur des variables (indépendantes) d'optimisation et h(x) est l'ensemble des limitations d'égalité, $g_i(x)$ sont appelées "contraintes d'inégalité".

Cette méthode est basée sur la modélisation du système en un point donné $x_i$ par un sous-problème de programmation quadratique, dont la solution est utilisée pour construire une meilleure approximation $x_{i+1}$. La succession d'approximation est obtenue par la répétition de ce processus afin de converger vers la solution x.

### III.5.i-iii   Fonction objective

L'optimisation se fait en deux phases : Une première optimisation concerne les paramètres géométriques principaux (optimisation principale) suivie d'une autre optimisation concernant les paramètres secondaires (affinement de la géométrie). On présentera dans la section III.5.j les différents paramètres à optimiser (principaux et secondaires). Pour chaque phase d'optimisation, la fonction objective est différente ; elle représente soit le rendement total de la machine (optimisation principale) soit les ondulations de couple (optimisation secondaire) :

– Le total des pertes dans la machine (pertes fer et pertes Joule) durant l'optimisation principale :

$$f(x) = \sum_{Point3} P_j, P_f \qquad (III.48)$$

– Les ondulations de couple (Optimisation secondaire ou affinement de l'optimisation) :

$$f(x) = \sum_{Point3} Ond_{couple} \qquad (III.49)$$

### III.5.i-iv  Fonctions des contraintes

• Le couple électromagnétique fourni par la machine doit respecter la consigne donnée par les trois points du cahier des charge :

$$g_c = |C_{em} - C_{em}^*| - \epsilon |C_{em}^*| \qquad (III.50)$$

$\epsilon$ est un pourcentage pour définir la précision.

• Le courant doit être inférieur au courant maximal $I_{max}$ imposé par le cahier des charges :

$$g_i = I - I_{max} \qquad (III.51)$$

• La tension ne doit pas dépasser la valeur maximale $V_{max}$ de la batterie :

$$g_v = V - V_{max} \qquad (III.52)$$

• Les densités de courant dans les encoches stator et rotor sont inférieures aux valeurs maximales :

$$g_{ds} = J_s - J_{max} \qquad (III.53)$$

$$g_{dr} = J_r - J_{max} \qquad (III.54)$$

## III.5.j  Paramètres à optimiser

Au vu des limitations en terme de temps de calcul par éléments finis, une étude préalable du nombre de paramètres géométriques à intégrer dans notre démarche d'optimisation est nécessaire.

Nous avons choisi pour la première phase d'optimisation de sélectionner les paramètres les plus influents sur les grandeurs caractéristiques de la machine (couple, puissance et rendement). D'autre part, une étude de sensibilité nous a montré l'influence des paramètres secondaires sur les autres performances de la machine, en particulier les ondulations de couple.

### III.5.j-i   Optimisation principale (Paramètres principaux)

L'optimisation porte sur les paramètres géométriques principaux de la machine. On présente ces différents paramètres dans la figure III.42 :

### III.5.j-ii   Affinement de l'optimisation (paramètres secondaires)

Dans cette deuxième phase d'optimisation, il s'agit d'affiner la géométrie de la machine pour améliorer davantage ses performances, notamment les ondulations de couple qui dépendent en grande partie des formes géométriques des différentes parties de la machine (entrefer, encoche stator, encoche rotor, etc.). Le but est donc d'optimiser ces paramètres (dits secondaires) en mettant comme objectif la réduction des ondulations de couple. Pour cela, nous avons réalisé une étude de sensibilité de plusieurs variables afin de lister les paramètres les plus influents sur cette grandeur.

Ensuite, et selon le même principe de la première phase d'optimisation, ces paramètres seront évalués par un calcul éléments finis puis optimisés avec la méthode de surfaces de réponses et interpolation. Sur les figures III.34-III.43 on retrouve les paramètres secondaires choisis ainsi que leurs influences sur les ondulations de couple et sur le couple moyen.

### III.5.j-iii   Entrefer maximal

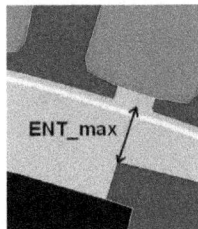

FIGURE III.34 – Entrefer maximal

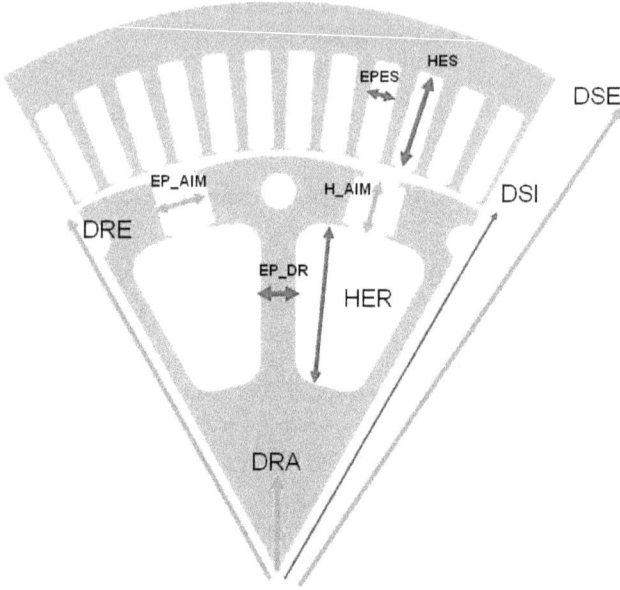

FIGURE III.33 – Paramètres géométriques principaux

| | |
|---|---|
| DSE | Diamètre extérieur du stator |
| DSI | Diamètre intérieur du stator |
| $H_{ER}$ | Hauteur de l'encoche rotorique |
| $H_{ES}$ | Hauteur de l'encoche statorique |
| $EP_{AIM}$ | Épaisseur d'aimant |
| $H_{AIM}$ | Hauteur d'aimant |
| $EPES$ | Épaisseur des dents statoriques |
| $EP_D R$ | Épaisseur des dents rotoriques |
| DRE | Diamètre extérieur du rotor |
| $DRA$ | Diamètre de l'arbre |

Couple moyen                           Ondulations de couple

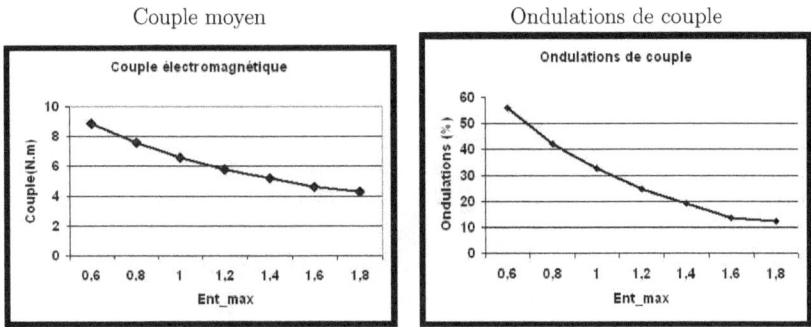

FIGURE III.35 – Influence des paramètres secondaires d'optimisation : Entrefer maximal

### III.5.j-iv  Isthme d'encoche stator

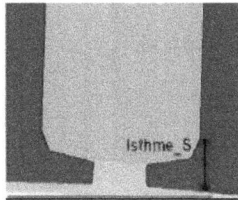

FIGURE III.36 – Isthme d'encoche stator

Couple moyen                           Ondulations de couple

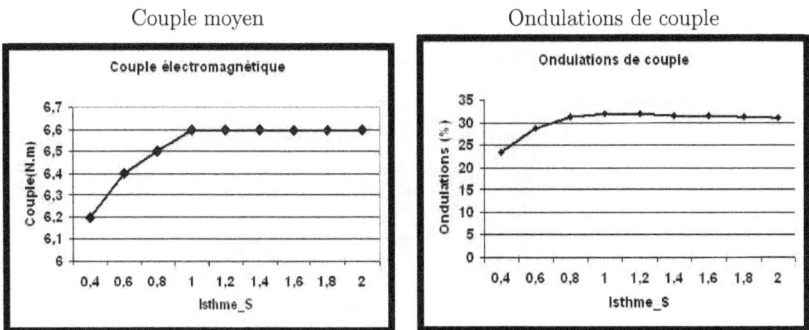

FIGURE III.37 – Influence des paramètres secondaires d'optimisation : Isthme d'encoche stator

### III.5.j-v    Isthme d'encoche rotor

FIGURE III.38 – Isthme d'encoche rotor

Couple moyen                                    Ondulations de couple

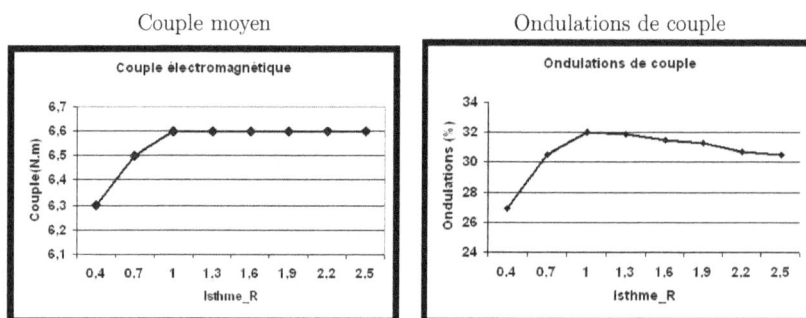

FIGURE III.39 – Influence des paramètres secondaires d'optimisation : Isthme d'encoche rotor

### III.5.j-vi    Ouverture d'encoche stator

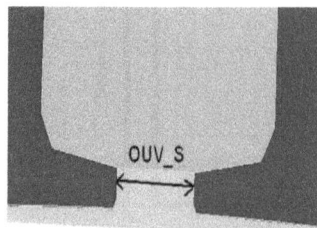

FIGURE III.40 – Ouverture d'encoche stator

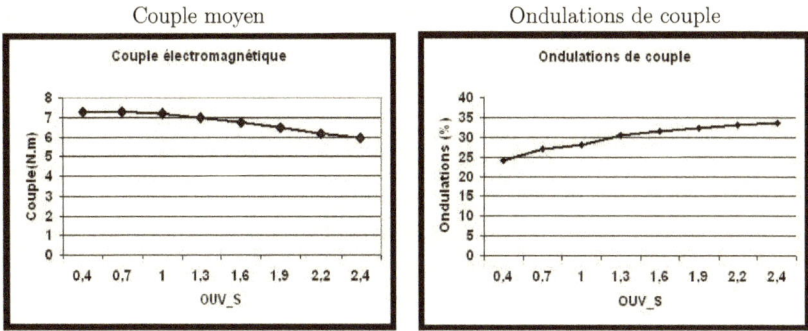

FIGURE III.41 – Influence des paramètres secondaires d'optimisation : Ouverture d'encoche stator

### III.5.j-vii    Ouverture d'encoche rotor

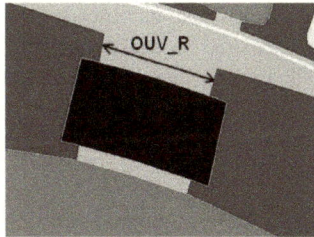

FIGURE III.42 – Ouverture d'encoche rotor

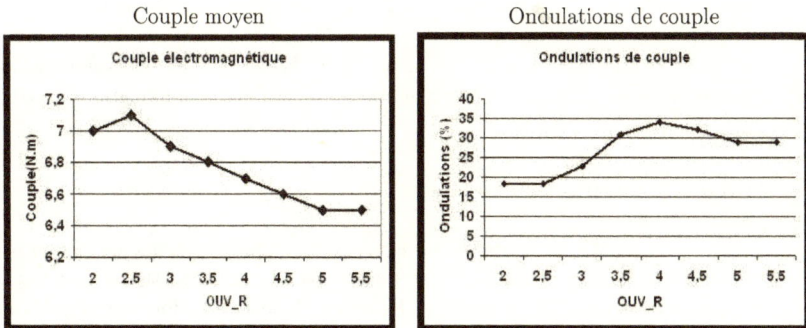

FIGURE III.43 – Influence des paramètres secondaires d'optimisation : Ouverture d'encoche rotor

Cette étude s'est limitée aux paramètres géométriques influant directement sur les ondulations de couple comme le montrent les figures III.34 - III.43. Ces paramètres sont liés essentiellement à la forme des pôles rotoriques et des encoches stator/rotor.

Etant donné que les ondulations de couple représentent un critère important dans des applications automobiles, une modification optimale des formes géométriques étudiées peut donc être efficace pour améliorer ce critère.

La deuxième phase d'optimisation concerne les variables étudiées dans cette partie, ces différents paramètres sont :

| | |
|---|---|
| $ENT_{max}$ | Entrefer maximal |
| $Isthme_s$ | Isthme d'encoche stator |
| $Isthme_r$ | Isthme d'encoche rotor |
| $OUV_s$ | Ouverture d'encoche statorique |
| $OUV_r$ | Ouverture d'encoche rotorique |

Cette optimisation n'est pas coûteuse en terme de temps de calcul, vu le nombre de paramètres très réduit (5 paramètres seulement). Elle est cependant très utile car elle nous permet de diminuer largement les ondulations de couple de la machine optimisée. Les deux phases d'optimisation sont complémentaires.

# III.6    Outil logiciel dédié à la méthode de dimensionnement

L'objectif est de développer un outil logiciel qui permettra au concepteur de dimensionner une machine synchrone à double excitation selon la démarche proposée. Il s'agit d'un outil qui regroupe les différentes étapes de conception de la machine, à savoir le prédimensionnement analytique, l'optimisation par éléments finis et l'affinement de la géométrie. Il a été conçu avec le logiciel de programmation Matlab.

## III.6.a    Principe

Comme le montre la figure III.44, à partir d'un cahier des charges donné par l'utilisateur, une application Matlab a pour objectif d'optimiser les différents paramètres géométriques de la machine. Pour ceci l'application doit être capable de lancer le calcul analytique de pré-dimensionnement, d'établir les grilles de calcul, de communiquer avec le logiciel Flux2D pour construire les surfaces de réponses et enfin de lancer le programme d'optimisation.

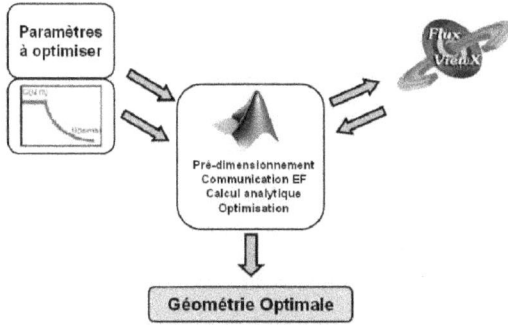

FIGURE III.44 – Principe de l'application

## III.6.b  Algorithmes

Sur la figure III.45 on présente l'algorithme général du logiciel de conception. L'algorithme détaillé du calcul et d'optimisation par éléments finis est montré sur la figure III.46.

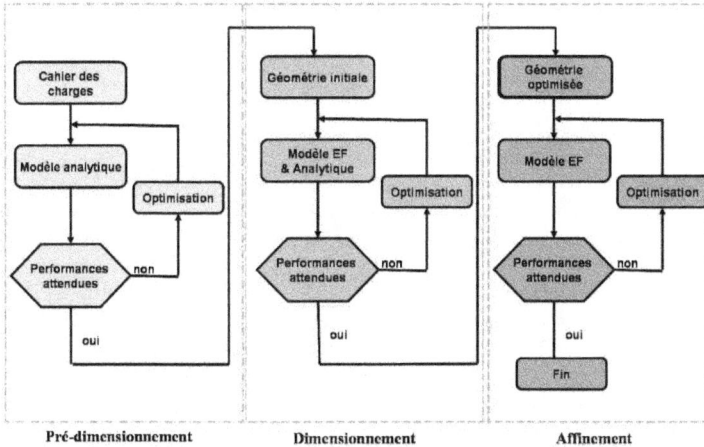

FIGURE III.45 – Algorithme général

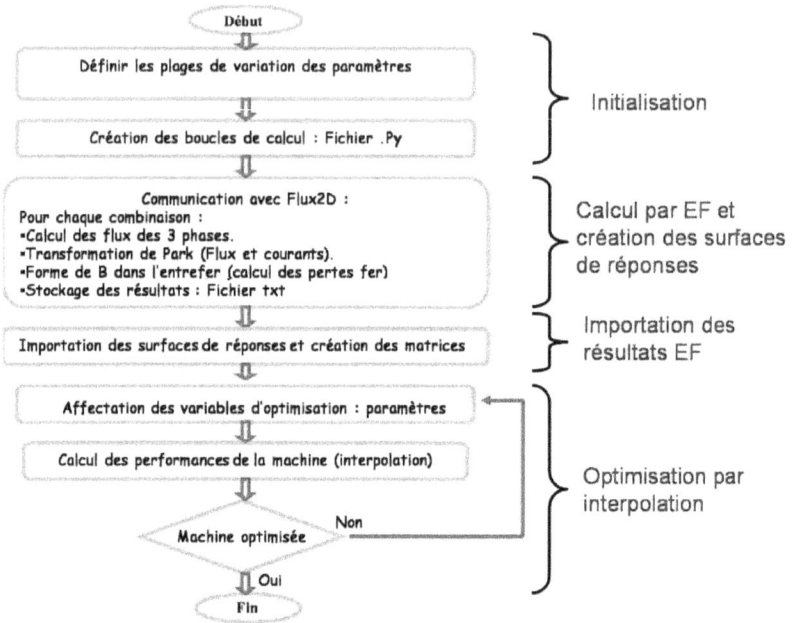

FIGURE III.46 – Algorithme d'optimisation par éléments finis

## III.6.c    Logiciel

Sur l'interface principale de l'application, on retrouve des champs texte pour attribuer les différentes valeurs du cahier des charges. On trouve également des boutons de commande pour établir la liaison avec le logiciel de calcul par éléments finis (Flux2D) et un tableau pour regrouper les résultats de l'optimisation.

La fenêtre principale de l'application (Figure III.47) permet aux utilisateurs d'introduire les plages de variation des grandeurs géométriques à optimiser (Onglet : Paramètres à optimiser), d'attribuer des valeurs aux champs réservés aux paramètres fixes (Onglet : Paramètres fixes), de spécifier les données principales du cahier des charges (Onglet : Cahier des charges) et de récupérer les résultats de l'optimisation dans le tableau nommé (Onglet : Résultats). Sur cette fenêtre on trouve également les boutons de commandes (Onglet : calcul par éléments finis et optimisation) dans l'onglet (Onglet : Communication flux2D).

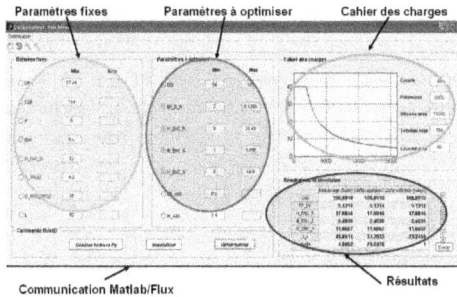

FIGURE III.47 – Fenêtre principale de l'application

Une fois l'optimisation principale faite, l'utilisateur peut donc basculer sur la fenêtre d'affinement (Figure III.48) pour procéder à la finalisation de son optimisation. La figure suivante représente cette interface dédiée à l'optimisation des paramètres secondaires.

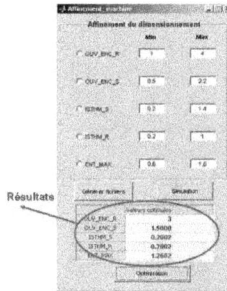

FIGURE III.48 – Fenêtre d'affinement de la géométrie

# III.7  Modélisation et commande optimale d'une MSDE

## III.7.a  Introduction

Dans la partie précédente, nous avons visé l'aspect structure géométrique de la machine. Nous avons mis en œuvre une démarche de conception et d'optimisation de la géométrie d'une machine synchrone à double excitation. Cette approche permet au concepteur de trouver les dimensions optimales des différents paramètres géométriques de la machine.

Toutefois, dans des applications à vitesse variable, et en particulier la traction routière, il est important de s'intéresser également à un autre aspect, aussi important que la conception géométrique. Il s'agit de rechercher une commande optimisée de la machine qui joue un rôle important dans le bilan énergétique total du véhicule.

La méthode que nous proposons dans cette section s'inscrit dans le cadre de la conception d'un outil d'optimisation de la commande des machines synchrones à double excitation (MSDE). Les méthodes de calcul sont les mêmes que celles qui régissent le modèle de conception géométrique des sections précédentes.

Cette méthode se base sur une liaison directe entre le logiciel de calcul par éléments finis (Flux 2D) et Matlab. L'idée est de lancer des calculs statiques pour récupérer des surfaces de réponses des caractéristiques de la machine (flux, couple, etc.) en fonction des grandeurs d'entrée (courants stator, courant d'excitation).

Ici, il s'agit d'optimiser la commande d'une machine existante (géométrie et modèle donnés). Autrement dit, trouver les valeurs optimales des grandeurs d'entrée (courants Id, Iq et If) pour répondre à un cahier des charges donné en minimisant les pertes (pertes Joule et pertes fer).

Pour automatiser cette méthode et la rendre facilement utilisable, nous avons conçu un outil logiciel que nous présentons à la fin de cette section.

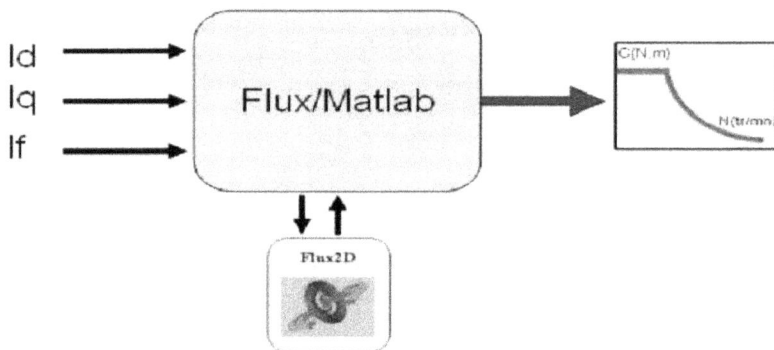

FIGURE III.49 – Principe de l'application de commande

## III.7.b    Défluxage d'une MSDE

Pour étendre la plage de vitesse de fonctionnement de la machine, il faut réduire le flux dans l'axe d. Pour cela, on agit sur le courant d'excitation (courant $I_f$) ou on crée une composante de réaction d'induit démagnétisante (courant $I_d$ négatif) qui permet une réduction de la tension induite globale. Cela revient à déphaser le courant en avance sur la fém en agissant sur l'angle d'auto-pilotage.

La vitesse de base $\omega_b$ est la vitesse maximale à laquelle il est encore possible de réguler le courant maximal correspondant au couple maximal avec $I_d=0$ ($\psi=0$) en négligeant la résistance. Au-delà de la vitesse de base, si l'on consent à déphaser le courant de façon à maximiser la puissance, on obtient une extension de la plage de vitesse de la machine. On parle alors de défluxage.

## III.7.c  Modèle de la MSDE

Il s'agit d'établir des cartographies de flux associant un modèle de Park (modèle dq) et une méthode de calcul par éléments finis statiques (logiciel Flux2D). Le modèle repose sur les mêmes hypothèses que celui du calcul géométrique.

$$\phi_d = \phi_d(i_d, i_q, i_f) \qquad \phi_q = \phi_q(i_d, i_q, i_f) \tag{III.55}$$

Ce modèle permet d'estimer le couple par l'intermédiaire de la formule :

$$C_{em} = \frac{3}{2} * p * (\phi_d(i_d, i_q, i_f) * i_q - \phi_q(i_d, i_q, i_f) * i_d) \tag{III.56}$$

Avec :
- $\phi_d$ , $\phi_q$ : Composantes d et q du flux.
- $i_d$ , $i_q$ : Composantes d et q du courant.
- $i_f$ : Courant d'excitation.
- $C_{em}$ : Couple électromagnétique.
- p : Nombre de paires de pôles.

### III.7.c-i  Équations de la machine

Pour un point de fonctionnement donné $(i_d, i_q, i_f$ et $\omega)$, les différentes équations électromagnétiques de la machine sont les mêmes que celles données dans la section III.5.f.

### III.7.c-ii  Modèle des pertes fer

Comme pour l'outil de la conception géométrique, on intègre dans notre modèle une méthode de calcul des pertes fer afin de prendre en compte les pertes totales pour le calcul du rendement. Ce modèle se base sur la formulation de Bertotti que nous avons détaillée dans le paragraphe III.5.h.

## III.7.d  Méthodologie de calcul

Pour un point de fonctionnement $(i_d, i_q, i_f)$, les flux des 3 phases $(\phi_a, \phi_b, \phi_c)$ sont évalués par un calcul par éléments finis. Ensuite les flux direct et en quadrature $(\phi_d, \phi_q)$ sont déduits :

$$\begin{pmatrix} i_d \\ i_q \\ i_f \end{pmatrix} \xrightarrow{Park^{-1}} \begin{pmatrix} i_a \\ i_b \\ i_c \\ i_f \end{pmatrix} \longrightarrow$$

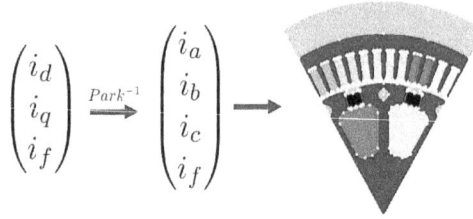

Ce qui donne après résolution :

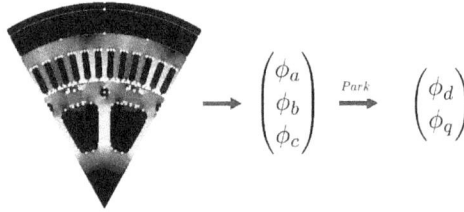

$$\longrightarrow \begin{pmatrix} \phi_a \\ \phi_b \\ \phi_c \end{pmatrix} \xrightarrow{Park} \begin{pmatrix} \phi_d \\ \phi_q \end{pmatrix}$$

### III.7.e   Cartographie des flux

La cartographie de flux consiste, en effet, à définir une grille de courants dans les axes d et q pour différentes valeurs du courant d'excitation, afin de calculer les flux principaux d'axe d et q. Ces courants sont ensuite injectés dans un modèle éléments finis 2D statique, qui détermine les flux dans les trois phases. Puis on en déduit les flux magnétisants d'axes d et q par une transformation de Park.

### III.7.f   Optimisation

Il s'agit de trouver la combinaison des courants $(i_d, i_q, i_f)$ à injecter dans la machine qui minimisent les pertes totales en respectant le cahier des charges et les différentes contraintes (courant, tension, etc.) :

$$\forall (C_{em}^*, \Omega, P^*), (i_d^*, i_q^*, i_f^*)/min \sum_{i_d^*, i_q^*, i_f^*} Pertes \tag{III.57}$$

Avec :

$$C_{em} = C_{em}^* \tag{III.58}$$

$$V_{rms} \leq V_{max} \tag{III.59}$$

$$I_{rms} \leq I_{max} \tag{III.60}$$

On utilise pour cela l'algorithme d'optimisation proposé par la toolbox d'optimisation de MATLAB qui est basé sur la méthode SQP (Successive Quadratic Programming). Cet algorithme a été présenté dans la section III.5.i-ii.

## III.7.g   Algorithme général de l'application

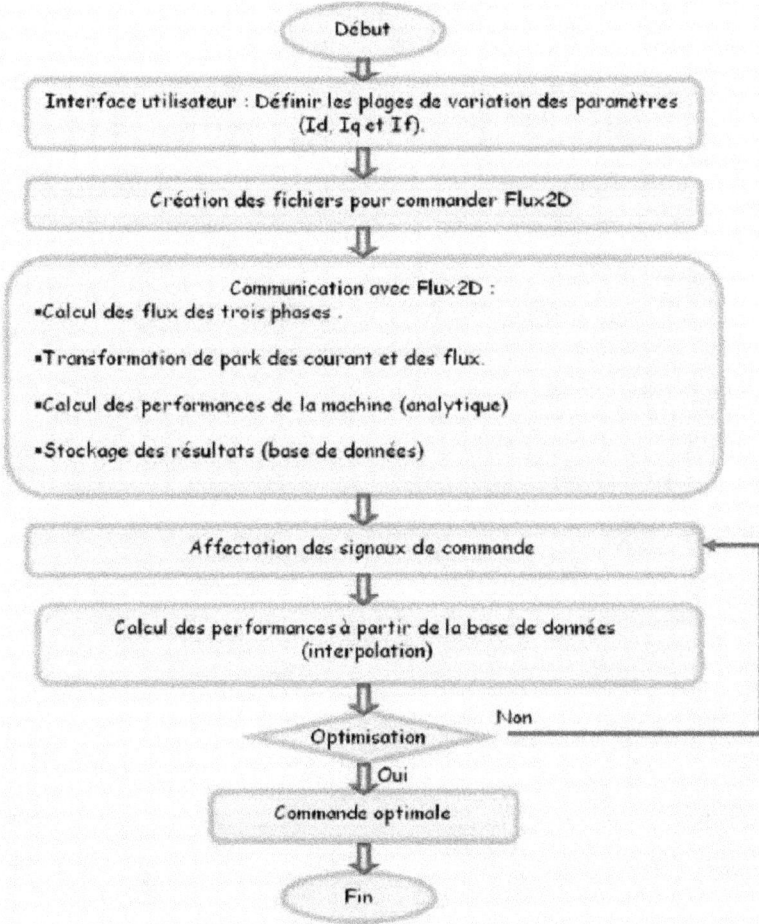

FIGURE III.50 – Algorithme général de l'application

## III.7.h   Outil logiciel et Résultats

La fenêtre principale de l'application permet aux utilisateurs d'introduire les plages de variation des grandeurs d'entrée $(i_d, i_q, i_f)$ :

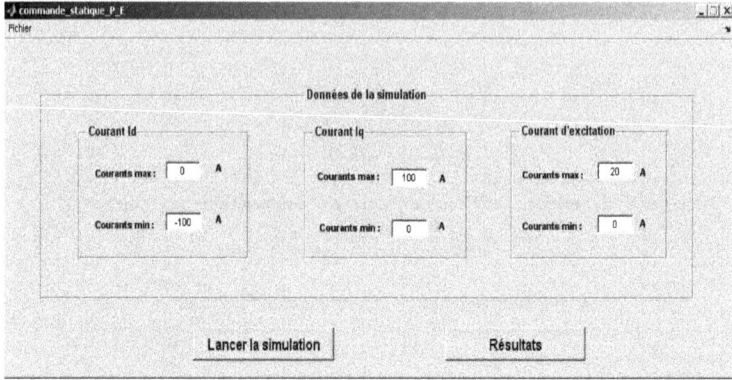

FIGURE III.51 – Fenêtre principale de l'application

Une fois que les plages sont définies, on peut lancer la simulation qui fait appel à Flux2D pour construire les surfaces de réponses. On peut également exploiter les résultats de la dernière simulation. A la fin du calcul on appelle la fenêtre d'optimisation (figure III.52).

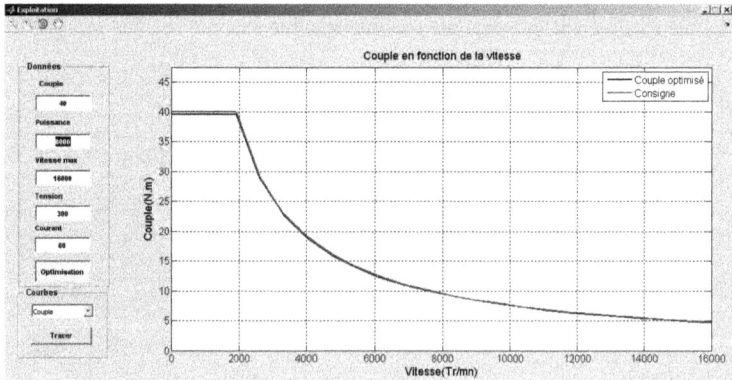

FIGURE III.52 – Fenêtre d'optimisation (caractéristique couple/vitesse)

Sur cette fenêtre, l'utilisateur définit le cahier des charges dans l'onglet à gauche (couple, puissance...) avant de lancer le programme d'optimisation. Ensuite les différentes grandeurs peuvent être tracées sur la même fenêtre.

On présente sur les figures suivantes les caractéristiques optimales d'une machine calculées précédemment, il s'agit d'un moteur synchrone à double excitation de 72 encoches et 12 pôles dont le cahier des charges est donné dans le tableau III.8.a-i.

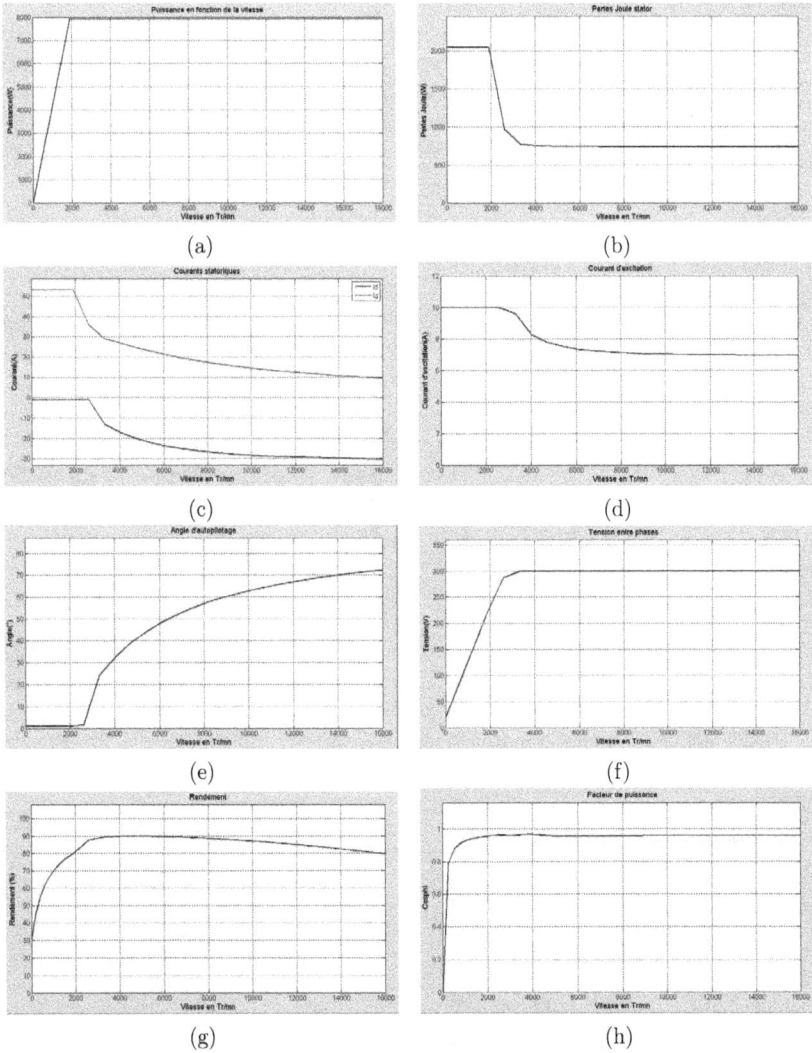

(a)

(b)

(c)

(d)

(e)

(f)

(g)

(h)

FIGURE III.53 – Caractéristiques optimales : (a) Puissance électrique, (b) Pertes
Joule, (c) Courants statoriques , (d) Courant d'excitation, (e) Angle d'autopilotage,
(f) Tension phase-phase, (g) Rendement, (h) Facteur de puissance.

## III.7.i    Conclusion

Dans ce paragraphe, un outil logiciel de modélisation et de commande optimale des machines synchrones à double excitation (MSDE) a été exposé. Cette commande se base sur la minimisation des pertes totales dans la machine. Un modèle magnétique, qui combine une transformation de Park avec un calcul de flux par éléments finis couplé avec un optimiseur SQP, a été présenté et validé.

# III.8    Applications

Une première application de notre outil est de recalculer la MSDE 72/12 que nous avons présenté dans la section III.3. Ce calcul nous permettra de valider notre démarche et d'envisager les possibilités d'amélioration que nous pouvons apporter à la machine grâce à cette nouvelle méthode.

Nous adaptons par la suite notre outil pour dimensionner deux autres variantes de la même structure MSDE, une machine de 60 encoches/10 pôles et une deuxième de 84 encoches/14 pôles. Enfin nous établissons une étude comparative des performances des trois polarités : 72/12 , 60/10 et 84/14.

## III.8.a    Optimisation de la MSDE : 72 encoches/12 pôles

La machine à dimensionner est une machine synchrone à double excitation (MSDE) avec 72 encoches au stator et 12 pôles. Elle a été conçue et réalisée chez Valeo durant les travaux de thèse de Li [20]. On se propose ici de redimensionner cette machine et de faire une comparaison avec la machine existante afin de tester et valider notre outil.

### III.8.a-i    Cahier des charges

Dans le tableau III.6 on regroupe les données principales du cahier des charges.

TABLE III.6 –  Cahier des charges MSDE 72/12

| Diamètre externe (mm) | 144 |
|:---:|:---:|
| Longueur utile (mm) | 50 |
| Puissance utile (KW) | 8 |
| Couple électromagnétique (Nm) | 40 |
| Vitesse de base (tr/min) | 2000 |
| Tension maximale (V) | 300 |
| Courant maximal (A) | 60 |

### III.8.a-ii   Géométrie optimale

TABLE III.7 – Géométrie optimale MSDE 72/12

| Paramètres | Géométrie d'origine | Optimisation | Écart (%) |
|---|---|---|---|
| DSI (mm) | 106 | 108.8 | 2.6 |
| HES (mm) | 12.1 | 11.5 | 5 |
| EPES (mm) | 3 | 2.4 | 20 |
| HER (mm) | 19.8 | 21.8 | 10 |
| EPDR (mm) | 4.8 | 5.1 | 6.2 |

### III.8.a-iii   Comparaison des deux machines : Calcul par éléments finis (Flux2D)

Avec un calcul par éléments finis en transitoire, nous comparons les performances électromagnétiques de la machine existante et de celle que nous avons calculée ; on dresse les résultats dans le tableau III.8.

TABLE III.8 – Validation de la démarche d'optimisation

| | Machine d'origine | | Machine optimisée | |
|---|---|---|---|---|
| Vitesse (tr/min) | 2000 | 16000 | 2000 | 16000 |
| Courant stator(A) | 47.6 | 31.8 | 41.4 | 31.8 |
| Courant rotor(A) | 20 | 7 | 19.2 | 7 |
| Puissance (W) | 9600 | 10300 | 9670 | 10800 |
| Couple (N.m) | 45.8 | 6.2 | 46.2 | 6.5 |
| Angle d'autopilotage (°) | 2.2 | 71.1 | 1.4 | 71.9 |
| Pertes Joules (W) | 1960 | 740 | 1550 | 740 |
| Pertes fer rotor LS (W) | 1.7 | 15.6 | 2.4 | 17.2 |
| Rendement (%) | 82.6 | 87.6 | 85.7 | 89.3 |

### III.8.a-iv   Conclusion

Grâce à cette nouvelle méthodologie de dimensionnement, nous constatons, d'après les résultats montrés, une amélioration considérable des performances de la machine calculée. On obtient un couple de démarrage légèrement plus grand que celui de la machine d'origine et ce, pour un courant plus faible. Les résultats de simulation montrent aussi une augmentation du rendement de la machine.

Cette simulation nous a permis de faire une comparaison entre les performances d'une machine existante, et celles de la machine calculée par la nouvelle méthodologie. Les résultats sont assez satisfaisants et ils nous permettent de dimensionner d'autres machines comme la 60/10 et la 84/14 que nous étudions dans le paragraphe suivant.

## III.8.b    Optimisation des MSDE : 60/10 et 84/14

On garde le même cahier des charges et on utilise notre outil de calcul pour dimensionner deux autres machines de polarités différentes (60 encoches/10 pôles et 84 encoches/14 pôles).

### III.8.b-i    Géométrie optimale de la MSDE 60 encoches/10 pôles

TABLE III.9 – Géométrie optimale MSDE 60/10

| Paramètres | Signification | Valeur optimale |
|:---:|:---:|:---:|
| DSI (mm) | Diamètre intérieur du stator | 108.8 |
| HES (mm) | Hauteur d'encoche stator | 11.7 |
| EPES (mm) | Épaisseur d'encoche stator | 3.7 |
| HER(mm) | Hauteur d'encoche rotor | 23.9 |
| EPDR (mm) | Épaisseur de dent rotor | 5.1 |
| EP-AIM (mm) | Épaisseur de l'aimant | 4 |
| H-AIM (mm) | Hauteur de l'aimant | 3 |
| OUV-ENC-R (mm) | Ouverture d'encoche rotor | 3 |
| OUV-ENC-S (mm) | Ouverture d'encoche stator | 1.5 |
| HS1 (mm) | Isthme d'encoche stator | 0.6 |
| HR1 (mm) | Isthme d'encoche rotor | 1 |
| ENT-MAX (mm) | Entrefer maximal | 1.3 |

### III.8.b-ii   Géométrie optimale de la MSDE 84 encoches/14 pôles

TABLE III.10 – Géométrie optimale MSDE 84/14

| Paramètres | Signification | Valeur optimale |
|---|---|---|
| DSI (mm) | Diamètre intérieur du stator | 107 |
| HES (mm) | Hauteur d'encoche stator | 11 |
| EPES (mm) | Épaisseur d'encoche stator | 2.6 |
| HER(mm) | Hauteur d'encoche rotor | 25 |
| EPDR (mm) | Épaisseur de dent rotor | 4.5 |
| EP-AIM (mm) | Épaisseur de l'aimant | 3 |
| H-AIM (mm) | Hauteur de l'aimant | 4 |
| OUV-ENC-R (mm) | Ouverture d'encoche rotor | 2.5 |
| OUV-ENC-S (mm) | Ouverture d'encoche stator | 1.5 |
| HS1 (mm) | Isthme d'encoche stator | 0.6 |
| HR1 (mm) | Isthme d'encoche rotor | 0.9 |
| ENT-MAX (mm) | Entrefer maximal | 1.3 |

## III.8.c   Optimisation de la commande

Dans le tableau suivant, on présente les valeurs optimales des signaux de commande des trois machines. Ces valeurs ont été calculées à l'aide de l'application Matlab/Flux2D qui a été conçue pour optimiser la commande des MSDE (paragraphe III.7).

TABLE III.11 – Commande optimale des MSDE 72/12, 60/10 et 84/14

| Machine | 72/12 | | 60/10 | | 84/14 | |
|---|---|---|---|---|---|---|
| Vitesse (Tr/mn) | 2000 | 16000 | 2000 | 16000 | 2000 | 16000 |
| Couple (N.m) | 40 | 4.7 | 40 | 4.7 | 40 | 4.7 |
| Courant stator (A) | 38.9 | 22.5 | 37.7 | 22.5 | 41 | 24.7 |
| Angle d'autopilotage (°) | 1 | 70.9 | 3.3 | 70.7 | 3.5 | 72.2 |
| Courant rotor (A) | 20 | 6.9 | 20 | 7.1 | 20 | 7.3 |

## III.8.d  Comparaison des performances des trois machines

TABLE III.12 – Tableau comparatif des performances des trois MSDE

| Vitesse (tr/mn) | 2000 | | | 16000 | | |
|---|---|---|---|---|---|---|
| Machine | 60/10 | 72/12 | 84/14 | 60/10 | 72/12 | 84/14 |
| Courant stator(A) | 37.7 | 38.9 | 41 | 22.5 | 22.5 | 24.7 |
| Courant rotor(A) | 20 | 20 | 20 | 7.1 | 6.9 | 7.3 |
| Puissance (W) | 8900 | 9200 | 8600 | 9400 | 8200 | 8000 |
| Couple (N.m) | 42.7 | 43.8 | 40.8 | 5.6 | 4.9 | 4.8 |
| Angle d'autopilotage (°) | 3.3 | 1 | 3.5 | 70.7 | 70.9 | 72.2 |
| Pertes Joules stator (W) | 980 | 1040 | 1150 | 350 | 350 | 420 |
| Pertes Joules rotor (W) | 320 | 320 | 320 | 40 | 38 | 40 |
| Pertes fer stator LS (W) | 41.7 | 60 | 87 | 690 | 510 | 700 |
| Pertes fer rotor LS (W) | 0 | 0 | 0 | 12 | 8.4 | 7.8 |
| Rendement (%) | 86.9 | 86.6 | 84.9 | 89.5 | 90 | 87 |

La machine 60/10 nous parait plus intéressante que la 84/14 pour un dimensionnement plus détaillé, et éventuellement une réalisation de maquette afin de faire une étude comparative expérimentale avec la machine existante (72/12). On présente dans les tableaux III.13 et III.14 les caractéristiques géométriques et électriques de cette machine.

### III.8.d-i Géométrie

TABLE III.13 – Géométrie optimisée de la MSDE 60/10

| Paramètres | Signification | Valeur optimale |
|---|---|---|
| DSE (mm) | Diamètre extérieur du stator | 144 |
| Lu (mm) | Longueur utile | 50 |
| NES | Nombre d'encoches stator | 60 |
| p | Nombre de pôles | 10 |
| ENT (mm) | Entrefer | 0.4 |
| DSI (mm) | Diamètre intérieur du stator | 108.8 |
| HES (mm) | Hauteur d'encoche stator | 11.7 |
| EPES (mm) | Épaisseur d'encoche stator | 3.7 |
| HER(mm) | Hauteur d'encoche rotor | 23.9 |
| EPDR (mm) | Épaisseur de dent rotor | 5.1 |
| EP-AIM (mm) | Épaisseur de l'aimant | 4 |
| H-AIM (mm) | Hauteur de l'aimant | 3 |
| OUV-ENC-R (mm) | Ouverture d'encoche rotor | 3 |
| OUV-ENC-S (mm) | Ouverture d'encoche stator | 1.5 |
| HS1 (mm) | Isthme d'encoche stator | 0.6 |
| HR1 (mm) | Isthme d'encoche rotor | 1 |
| ENT-MAX (mm) | Entrefer maximal | 1.3 |

### III.8.d-ii Bobinage

TABLE III.14 – Caractéristiques électriques de la MSDE 60/10

| Bobinage stator | Nombre de conducteurs par encoche | 2*8 |
|---|---|---|
| | Section du fil | 1.32 mm |
| | Résistance de phase | 6.7 mΩ |
| Bobinage rotor | Nombre de spires | 90 |
| | Section du fil | 1.12 mm |
| | Résistance | 1.44 Ω |

# III.9   Conclusion

Dans ce chapitre, une nouvelle méthodologie de dimensionnement des machines synchrones à double excitation (MSDE) a été exposée. Cette méthode se compose de deux grandes étapes :

- Modèle analytique de pré-dimensionnement : Ce modèle, basé sur un réseau de réluctances, a été présenté et validé. Il a pour but de trouver une solution optimale autour de laquelle l'optimisation par éléments finis sera réalisée. Cette étape, par sa rapidité, nous a permis de gagner en de temps de calcul et de limiter l'espace de recherche (plages de variation des paramètres).
- Modèle semi-analytique : Un modèle magnétique combinant une transformation de Park avec un calcul de flux en éléments finis couplé avec un optimiseur SQP a été présenté et validé. Ce modèle se base sur la solution initiale trouvée par le modèle analytique pour optimiser la machine.

Un outil logiciel dédié à cette méthode a été également conçu et présenté. Il s'agit d'une application Matlab/Flux2D qui centralise les différentes étapes de calcul sur la même interface Windows.

Le modèle de pertes fer intégré dans cette application consiste à estimer la forme d'onde de l'induction dans le stator par conservation du flux, obtenue à partir des calculs par éléments finis de l'induction dans l'entrefer. Le calcul des pertes fer est basé sur la formulation de Bertotti.

La méthodologie proposée a été validée par des calculs par éléments finis, mais aussi par comparaison avec une machine existante.

L'aspect commande de la machine a été également traité dans ce chapitre. Suivant le même principe de la méthodologie de conception géométrique, nous avons proposé une démarche d'optimisation de la commande des MSDE. Cette démarche est basée sur une combinaison éléments finis/ calcul analytique et dotée d'un modèle de calcul des pertes fer.

Les deux outils d'optimisation (géométrie et commande) ont été conçus principalement pour les machines synchrones à double excitation. Cependant ils sont très facilement adaptables à d'autres types de machines synchrones (à aimants permanents et à rotor bobiné).

Chapitre IV

# Nouvelle Structure de Machine Synchrone à Rotor Bobiné avec Compensation de la Réaction Magnétique d'Induit

SOMMAIRE

**Résumé**

*Dans ce chapitre on présente une nouvelle méthode pour améliorer les performances d'une machine synchrone à rotor bobiné par insertion d'aimants secondaires au milieu des pôle rotoriques. Cette méthode sera utile pour résoudre de nombreux problèmes rencontrés dans les machines synchrones, en particulier la forte réaction magnétique d'induit et la nécessité de défluxage. Ce genre de problèmes est le plus souvent rencontré à grandes vitesses, ce qui rend la solution plus adaptée pour les applications automobiles. Dans ce chapitre on présente également une technique de réduction des ondulations de couple ; les pôles rotoriques seront munis d'un enroulement amortisseur formant une cage d'écureuil analogue au moteur asynchrone.*

# IV.1 Introduction

Les machines synchrones sont aujourd'hui d'une utilisation très courante dans tous les domaines de l'industrie. Grâce à leur simplicité de commande, elles sont aussi très recherchées dans le véhicule hybride, le véhicule électrique et d'une manière générale dans toutes les applications embarquées.

Cependant, lorsque l'on est confronté à des problèmes de défluxage et/ou à de fortes réactions d'induit, les solutions ne sont pas toujours évidentes à trouver.

Concernant les problèmes de défluxage, il est connu que les machines synchrones à double excitation sont plus facilement défluxables et offrent la possibilité de combiner dans leur rotor une densité d'énergie élevée apportée par les aimants permanents et une capacité à contrôler le flux magnétique dans l'entrefer apportée par le bobinage d'excitation.

La structure du rotor de la MSDE de Li [20] a été optimisée afin d'accroître les performances et l'intérêt de ces machines pour l'industrie automobile, mais les problèmes de RMI ne semblent pas avoir été pris en compte.

Un moyen supplémentaire d'améliorer le rendement de la machine serait donc de compenser la réaction magnétique de l'induit.

Dans le brevet américain US4249099 [56], il est décrit une génératrice avec une réaction d'induit réduite comportant un circuit magnétique constitué d'un sandwich de tôles magnétiques et amagnétiques. Il est clair que des structures de rotor ou de stator aussi complexes que celles décrites dans ce brevet ne peuvent pas trouver d'applications dans les machines électriques utilisées dans le domaine très concurrentiel de l'automobile.

Il existe donc un besoin pour une solution aux problèmes de RMI qui reste simple et modifie peu la structure des machines existantes. Une réflexion sur ce problème est donc nécessaire afin d'aboutir à des solutions acceptables et industriellement compétitives. Le but de ce chapitre est d'apporter une contribution à cette réflexion.

Dans un premier temps nous calculons une machine synchrone à rotor bobiné en utilisant l'outil d'optimisation détaillé dans le chapitre précédant. Ensuite nous introduisons une nouvelle technique de compensation de la RMI que nous appliquons à la machine calculée. Cette technique consiste en l'insertion d'aimants permanents dans les espaces inter-polaires du rotor.

Etant orientés dans l'axe q de la machine, les aimants permanents viennent affaiblir le flux de la réaction magnétique d'induit. Par conséquence, le rendement de la machine à grandes et moyennes vitesses (pou laquelle la RMI est plus importante) est amélioré.

La modification de la structure de la machine par insertion d'aimants permanents permet d'affaiblir le flux de la RMI et d'améliorer son rendement. Elle a aussi un effet positif sur le défluxage de la machine. Toutefois, l'introduction d'aimants augmente les ondulations de couple. Dans la suite de ce chapitre nous tentons de remédier à ce problème. Une technique de réduction des ondulations de couple par insertion d'une cage d'écureuil au rotor sera introduite.

## IV.2    Structure étudiée : MSRB à pôles saillants

Les machines synchrones à rotor bobiné sont connues depuis bien longtemps,
elle sont constituées d'un stator polyphasé et d'un rotor bobiné alimenté en courant
continu, avec ou non des saillances. Le flux inducteur est bien entendu réglable grâce
à la possibilité d'ajuster le courant rotorique, ce qui donne à la machine une grande
facilité de contrôle.

Ces machines restent cependant moins performantes en terme de rendement et de
compacité que les machines synchrones à aimants permanents ou encore les machines
synchrones à double excitation. Or ces deux dernières sont plus coûteuses et plus
compliquées à contrôler que les MSRB. A cela s'ajoute le coût des terres rares comme
le néodyme qui n'a pas cessé d'augmenter durant ces dernières années.

Le moteur synchrone à rotor bobiné offre l'avantage d'une électronique de puissance moins compliquée, et celui d'un prix de revient constant par rapport à d'autres
types de machines synchrones. Nous avons donc choisi de porter la présente étude
sur les machines synchrones à rotor bobiné à pôles saillants. Nous partons d'une
structure basique que nous représentons sur la figure IV.1.

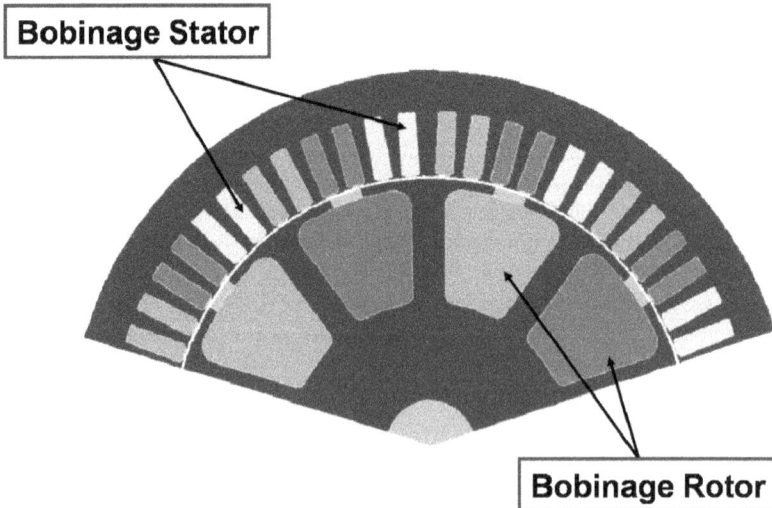

FIGURE IV.1 – Structure de MSRB à 60 encoches et 10 pôles.

Cette structure sera optimisée dans un premier lieu par la démarche du chapitre
II. Ensuite des améliorations vont lui être apportées au cours de ce chapitre pour
atteindre de meilleures performances.

## IV.2.a  Géométrie optimale

Nous avons détaillé dans le chapitre précédant notre méthode de calcul et d'optimisation de la géométrie des machines synchrones à double excitation. Cette méthode ne se limite pas à ces machines. Elle est facilement adaptable à d'autres types de machines synchrones. Pour cela, il suffit de modifier les schémas du modèle analytique, qui sont à la base simplifiés (section III.4.b), et créer un modèle Flux2D statique de la machine. Le programme de calcul analytique, l'algorithme d'optimisation et l'interface utilisateur restent inchangés.

Dans le cas des machines à rotor bobiné par exemple, on enlève les aimants (source et résistance interne). Ensuite on prépare le modèle par élément finis adéquat et on lance le programme d'optimisation.

Dans le tableau IV.1 on présente les résultats trouvés pour trois polarités de machines synchrones à rotors bobinés.

TABLE IV.1 – Géométries optimales des différentes polarités des MSRB

| Polarité | Machine | Dimensions |
|---|---|---|
| **60 encoches / 10 pôles** | | DSI=103.4mm<br><br>BENCS=3.5mm<br><br>HENCS=11.5mm<br><br>HENCR=21.9mm<br><br>EPDR=6mm |
| **72 encoches / 12 pôles** | | DSI=108.9mm<br><br>BENCS=3.4mm<br><br>HENCS=12.2mm<br><br>HENCR=17.9mm<br><br>EPDR=5mm |
| **84 encoches / 14 pôles** | | DSI=105.1mm<br><br>BENCS=2.8mm<br><br>HENCS=11mm<br><br>HENCR=19mm<br><br>EPDR=4.5mm |

## IV.2.b   Etude comparative des MSRB calculées

TABLE IV.2 – Performances des MSRB 60/10, 72/12 et 84/14, fonctionnement à 2000 tr/min

|  |  | 60 encoches /10 pôles | 72 encoches / 12 pôles | 84 encoches / 14 pôles |
|---|---|---|---|---|
| **Bobinage** | Stator | 22 | 18 | 16 |
|  | Rotor | 100*2 | 75*2 | 70*2 |
| **Commande** | Angle d'autopilotage (°) | 24 | 15 | 22 |
|  | Courant stator (A) | 67 | 55 | 70 |
|  | Courant rotor (A) | 20 | 20 | 20 |
| **Performances** | Couple (N.m) | 40 | 40 | 40 |
|  | Pertes Joules rotor (W) | 400 | 360 | 390 |
|  | Pertes Joules stator (W) | 1600 | 1100 | 1500 |
|  | Pertes fer stator (W) | 35 | 35 | 30 |
|  | Rendement (%) | 80 | 84 | 82 |

Le bobinage des trois machines comparées est à pas diamétral (bobinage des stators fabriqués chez Valeo), avec un nombre d'encoches par pôle et par phase égal à deux.

Avec un rendement nettement supérieur aux deux autres polarités, la machine de 72 encoches et 12 pôles semble être la plus performante. Cette machine fera l'objet des modifications que nous allons apporter par la suite pour compenser la réaction magnétique d'induit et améliorer le rendement total de la machine.

# IV.3   La réaction magnétique d'induit RMI

Lors du fonctionnement de la machine synchrone, les courants statoriques créent un champ supplémentaire, tournant à la même vitesse que celui généré par le rotor et se superposant à ce dernier. Ceci a pour effet de modifier et d'affaiblir le flux utile : c'est la Réaction Magnétique de l'Induit (RMI). Sur les figures IV.2 et IV.3 , l'étude de l'induction dans l'entrefer montre comment l'induction radiale à vide se déforme en charge. Cette déformation est de plus en plus importante en hautes vitesses. Ce phénomène vient nuire au fonctionnement des machines et cause une dégradation importante de leurs caractéristiques électromagnétiques [  ] [  ].

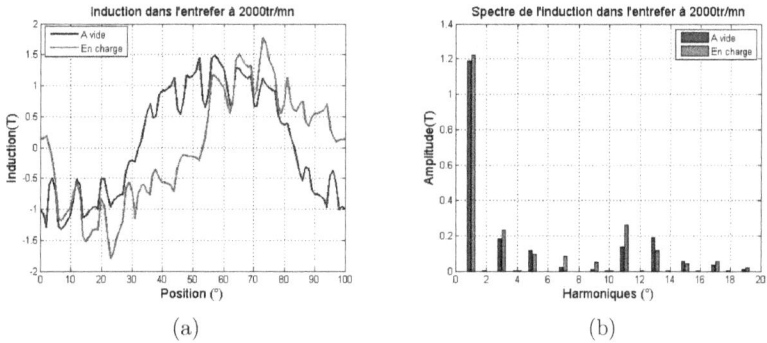

(a)                                          (b)

FIGURE IV.2 – Induction dans l'entrefer à 2000 tr/min (a) Forme. (b) spectre.

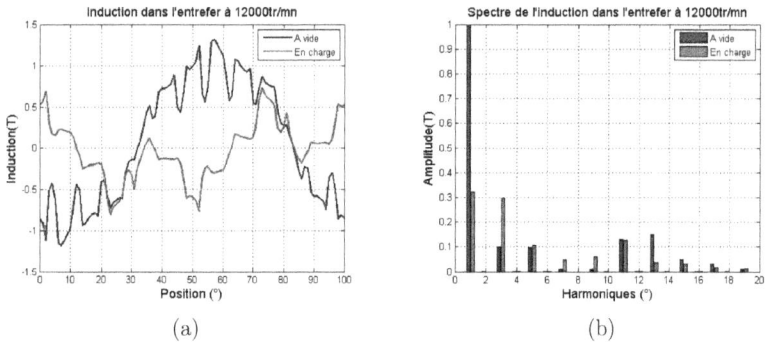

(a)                                          (b)

FIGURE IV.3 – Induction dans l'entrefer à 12000 tr/min (a) Forme. (b) spectre.

Un moyen d'améliorer le rendement de la machine serait donc de compenser la réaction magnétique de l'induit.

## IV.4   Compensation de la RMI : Aimants secondaires (Dépôt de brevet 12/56418)

La compensation de la RMI dans les machine à courant continu et les machines synchrones a fait l'objet de plusieurs recherches et publications. Une méthode appliquée aux machines synchrones à double excitation a été proposé par Li [  ]. Cette méthode consiste à implanter des aimants sur les faces polaires du rotor, en les orientant de telle façon à contrer le flux créé par la RMI. Une autre solution a fait l'objet du même article consiste à réaliser un entrefer progressif. D'autre méthodes de compensation de la RMI ont étés étudiées, soit en modifiant le bobinage afin de neutraliser les harmoniques créés par la RMI [54] ou en modifiant la stratégie commande [55].

Parmi les différentes solutions possibles, il en est une qui semble intéressante et originale pour des applications embarquées. Il s'agit d'utiliser un enroulement parcouru par un courant continu et des aimants permanents. Les uns créent un flux dans l'axe d par exemple alors que l'autre crée un flux dans l'axe q. Ainsi, on arrive à compenser la RMI mais on obtient également un meilleur défluxage de la machine.

## IV.4.a  Géométrie

On propose de partir d'une structure de MSRB (machine synchrone à rotor bobiné) classique à pôles saillants (paragraphe IV.2 ). Les pôles du rotor seront fendus en leur milieu, les fentes crées contiendront des aimants permanents. On aura ainsi le flux principal qui sera crée dans l'axe d par l'enroulement autour des pôles, et les aimants créeront un flux dans l'axe q pour défluxer ou pour compenser la réaction d'induit, ou inversement. Ce principe est illustré sur la figure IV.4.

L'intérêt de ces structures sera de mieux contrôler le flux soit pour défluxer, soit pour compenser la réaction d'induit. Sur la figure IV.5 on montre une vue en coupe radiale partielle de la MSRB calculée précédemment et la nouvelle structure à compensation de réaction magnétique d'induit.

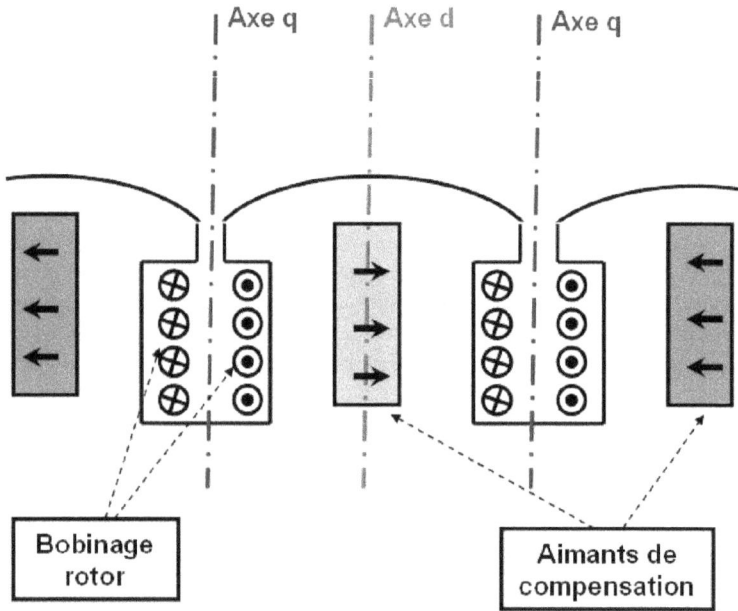

FIGURE IV.4 – Principe.

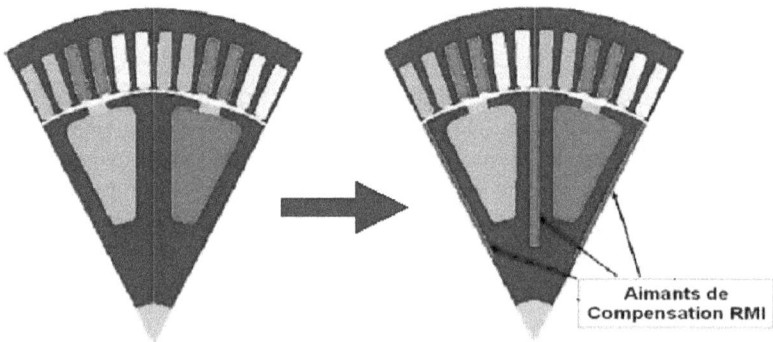

FIGURE IV.5 – Géométrie d'une MSRB avec aimant de compensation de la RMI.

## IV.4.b Résultats des premières simulations

Les simulations sont réalisées avec des calculs par éléments finis. Pour une machine synchrone à rotor bobiné, nous comparons les formes d'induction dans l'entrefer pour un rotor avec aimants et un rotor sans aimants à stators identiques.

Les calculs sont faits à basse vitesse (2000 tr/min) et à haute vitesse (12000 tr/min). Nous utilisons deux types d'aimants : Terres rares et Ferrite.

### IV.4.b-i Utilisation des terres rares

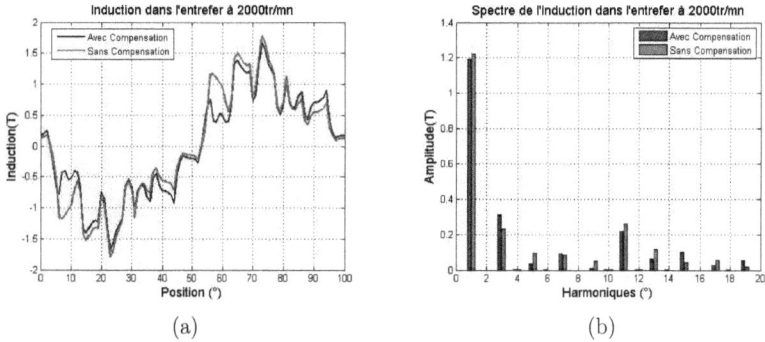

(a)        (b)

FIGURE IV.6 – Induction dans l'entrefer à 12000 tr/min (a) Forme. (b) Spectre.

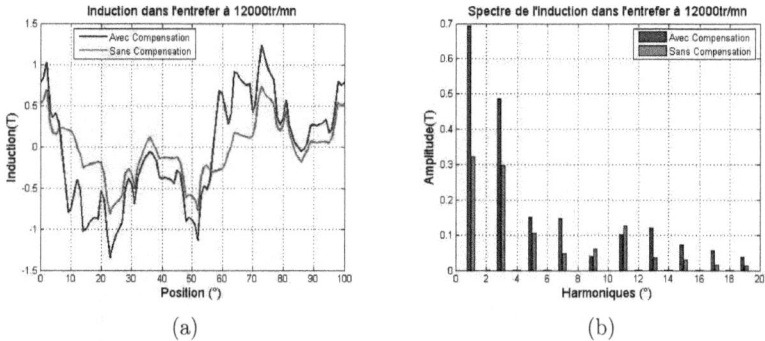

(a)        (b)

FIGURE IV.7 – Induction dans l'entrefer à 12000 tr/min (a) Forme. (b) Spectre.

## IV.4.b-ii    Utilisation des ferrites

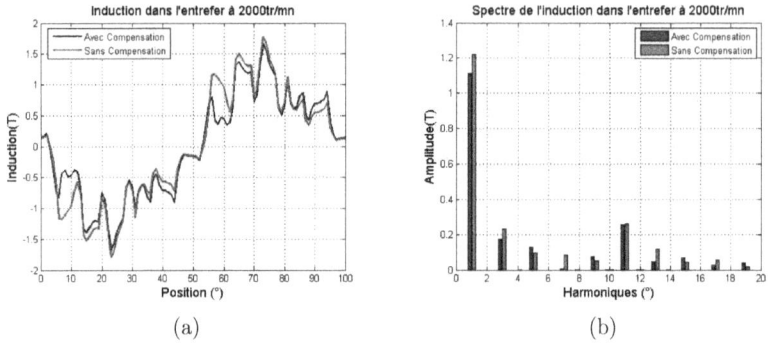

(a)                                          (b)

FIGURE IV.8 – Induction dans l'entrefer à 2000 tr/min (a) Forme. (b) Spectre.

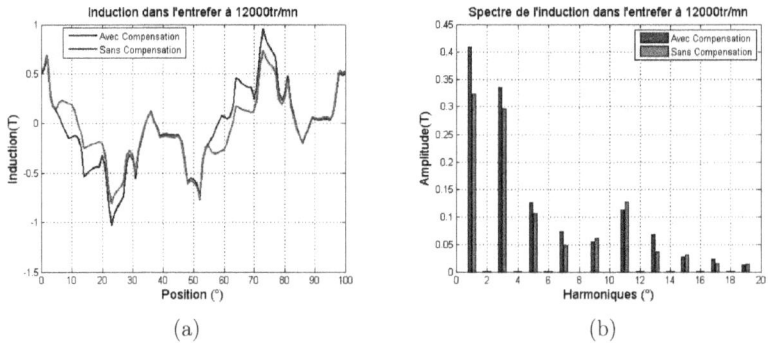

(a)                                          (b)

FIGURE IV.9 – Induction dans l'entrefer à 12000 tr/min (a) Forme. (b) Spectre.

## IV.4.b-iii    Commentaires

Les figures de IV.6 à IV.9 montrent les résultats obtenus avec de deux types d'aimants (aimants en terres rares et aimants en ferrite). Dans les deux cas, les résultats des simulations sont intéressants ; ils nous ont encouragé à approfondir cette étude.

A basses vitesses la réaction magnétique d'induit étant faible, sa compensation avec les aimants est moins apparente (figures IV.6 et IV.8). En revanche, quand la vitesse est élevée, les figures IV.7 et IV.9 montrent une amélioration importante de la forme de l'induction dans l'entrefer grâce au flux créé par les aimants.

L'introduction d'aimants permanents dans les fentes du rotor a permis de créer un circuit de compensation selon le même principe que les machines à courants continus.

Le champ produit par les aimants ayant pour but d'atténuer celui de l'induit. Ainsi on a obtenu de meilleures formes d'induction dans l'entrefer.

On rappelle qu'il s'agit de premières simulations ayant pour but d'observer l'influence de l'insertion des aimants au rotor. Ni la position ni les dimensions des aimants n'ont été optimisées au préalable.

Le but des paragraphes suivants est de trouver la position et les dimensions optimales des aimants de compensation.

## IV.4.c   Emplacement des aimants

Avant d'optimiser les dimensions des aimants de compensation, il est très important, dans un premier temps, de bien choisir leur emplacement. Ils doivent se situer de façon optimale pour garantir un meilleur fonctionnement de la machine. Le but de ce paragraphe est de justifier les choix retenus pour positionner ces aimants, par rapport à l'arbre, à l'entrefer et aux axes polaires.

### IV.4.c-i   Position des aimants par rapport à l'arbre

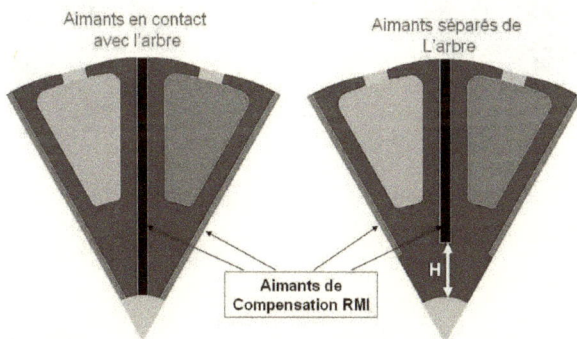

FIGURE IV.10 – Position des aimants par rapport à l'arbre

La position des aimants par rapport à l'arbre influe directement sur la circulation du flux d'excitation. Les aimants peuvent être en contact direct avec l'arbre ou séparés par une hauteur H (figure IV.10). Les figures IV.11 et IV.12 montrent le fonctionnement de la machine à vide et à courant d'excitation nul pour les deux cas :

IV. Nouvelle Structure de Machine Synchrone à Rotor Bobiné avec Compensation
de la Réaction Magnétique d'Induit
114

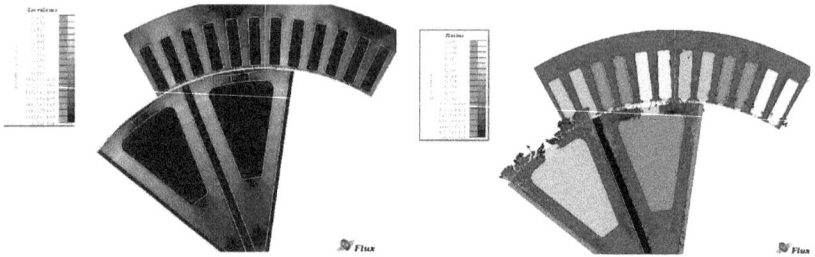

FIGURE IV.11 – Aimants en contact avec l'arbre : Répartition de l'induction dans la machine, @ 6000 tr/min, Is=0 A, Iex=0 A

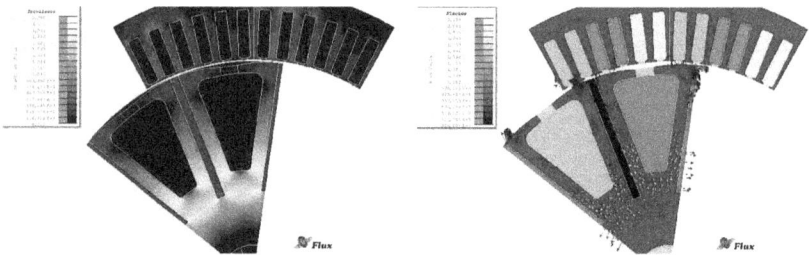

FIGURE IV.12 – Aimants séparée de l'arbre : Répartition de l'induction dans la machine, @ 6000 tr/min, Is=0 A, Iex=0 A

– Aimants posés sur l'arbre (Figure 2) : lorsque la machine est non excitée, la totalité du flux créé par les aimants passe dans l'entrefer et crée une forte f.é.m dans le bobinage statorique. Ceci peut être très nuisible selon le mode de fonctionnement de la machine (moteur/génératrice). Dans cette configuration, nous sommes obligés d'injecter un courant supplémentaire pour annuler cette fém (en mode génératrice quand la batterie est chargée par exemple).

– Aimants séparés de l'arbre (Figure 3) : Lorsqu'on sépare l'arbre des aimants, on court-circuite ces derniers, la totalité du flux crée reste donc en circulation dans le rotor et on réduit considérablement son effet sur le stator. La figure IV.13 montre l'écart entre les f.é.m générées par les deux structures.

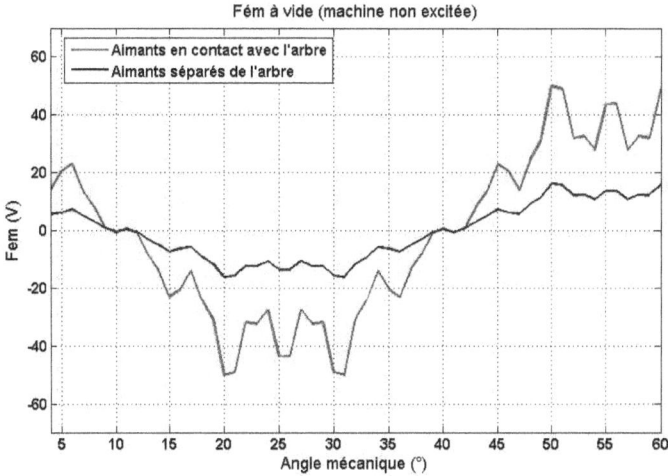

FIGURE IV.13 – fém à vide, machine non excitée @ 1000tr/min

### IV.4.c-ii   Position des aimants par rapport à l'entrefer

On peut positionner les aimants par rapport à la surface rotorique de deux manières différentes : ils sont soit complètement enterrés dans le rotor et séparés de sa surface d'une hauteur h, ou directement en contact avec l'entrefer (figure IV.14).

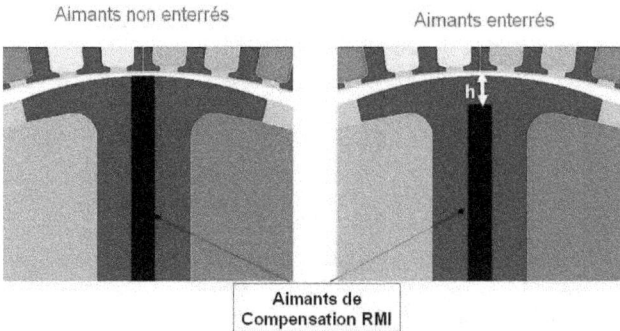

FIGURE IV.14 – Position des aimants par rapport à l'entrefer

Dans cette structure, les aimants ont pour rôle principal la compensation de la réaction magnétique d'induit RMI. Or cette dernière est concentrée essentiellement à la surface de l'épanouissement polaire. Un choix judicieux serait donc de placer les aimants à la surface du rotor pour compenser au maximum la RMI. Sur la figure IV.15 on montre les équiflux pour les deux configurations.

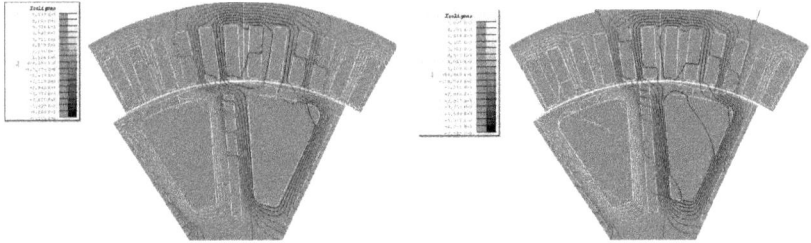

FIGURE IV.15 – Equiflux pour les deux cas : aimants enterrés et non enterrés , @ 6000 tr/min, Is=40 A, Iex=10 A

### IV.4.c-iii  Position des aimants par rapport à l'axe polaire

Dans les études précédentes, les aimants ont été placés au centre des pôles rotoriques. Or, on remarque que les inductions mesurées des deux cotés des aimants ne sont pas homogènes ; un coté est plus saturé que l'autre selon le sens d'aimantation des aimants et celui du bobinage du rotor (Figure IV.16.a).

Ce phénomène peut s'expliquer par le schéma de la figure IV.16.b. Sur ce schéma on illustre le passage des flux créés par les enroulements du rotor et les aimants dans un pôle. On distingue deux sections S1 et S2 séparées par l'aimant. Dans cette configuration, le flux créé par l'aimant a tendance à renfoncer celui du bobinage dans la section S1 et à l'affaiblir dans la section S2, d'où une forte saturation au niveau de la section S1.

Selon la figure IV.16.b, les deux flux traversant les sections S1 et S2 s'expriment comme suit :

$$\Phi_{S1} = \Phi_b + \Phi_a \tag{IV.1}$$

$$\Phi_{S2} = \Phi_b - \Phi_a \tag{IV.2}$$

$\Phi_b$ et $\Phi_a$ sont respectivement le flux créé par la bobine et celui créé par les aimants.

Les inductions sont calculées par :

$$B_{S1} = \frac{\Phi_b + \Phi_a}{S1} \tag{IV.3}$$

$$B_{S2} = \frac{\Phi_b - \Phi_a}{S2} \tag{IV.4}$$

Les sections S1 et S2 étant égales, on a :

$$B_{S1} > B_{S2} \qquad\qquad (IV.5)$$

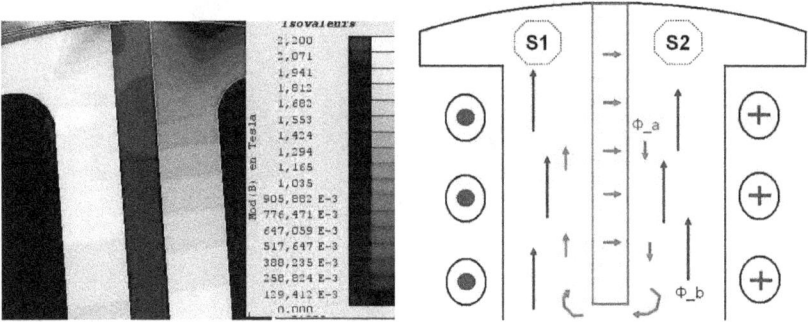

FIGURE IV.16 – Distribution de l'induction dans une section polaire a) Dégradé de l'induction b) Sens de passage des flux rotoriques.

Dans la suite, on propose de décentrer les aimants par rapport aux axes polaires de manière à mieux repartir le flux dans la section du pôle comme indiqué sur la figure 8.

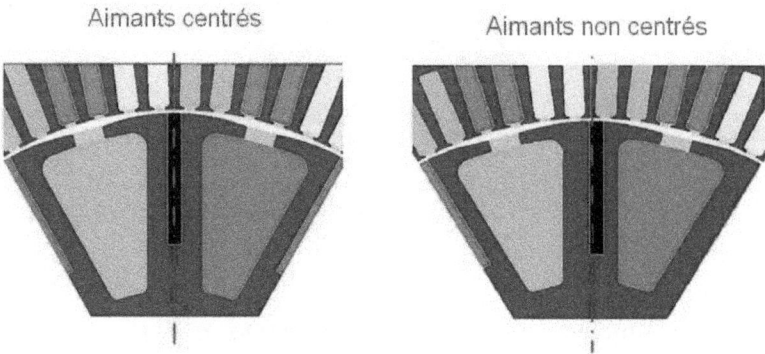

FIGURE IV.17 – Décentration des aimants par rapport à l'axe polaire

Les deux figures suivantes représentent la répartition de l'induction dans les sections polaires avec des aimants centrés et non centrés. Les simulations ont été faites à vide et en charge. Avec la décentration des aimants (graphes de droite), la saturation est moins marquée que sur les graphes de gauche (aimants centrés).

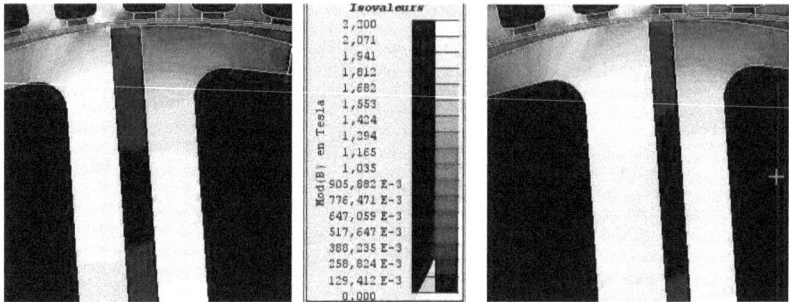

FIGURE IV.18 – Effet de la décentration des aimants par rapport à l'axe polaire à vide @ 6000tr/min If=10A

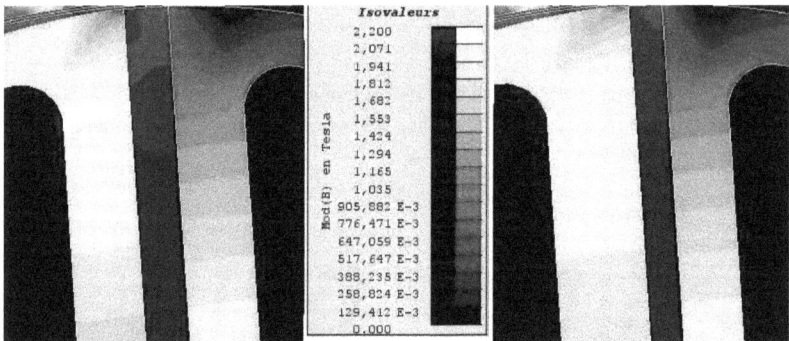

FIGURE IV.19 – Effet de la décentration des aimants par rapport à l'axe polaire en charge @ 6000tr/min If=10A, Is=30 A

## IV.4.d   Dimensions optimales des aimants

Après avoir placer les aimants d'une manière justifiée, nous allons chercher dans cette section leurs dimensions optimales (figure IV.20).

On propose d'abord de réaliser une analyse de sensibilité des paramètres géométriques des aimants (hauteur $H_a$ et épaisseur $E_a$). Cette analyse est sous forme de courbes représentant l'influence des deux paramètres sur les différentes caractéristiques de la machine. Ensuite un programme d'optimisation par éléments finis sera établi pour trouver les valeurs optimales de ces deux variables.

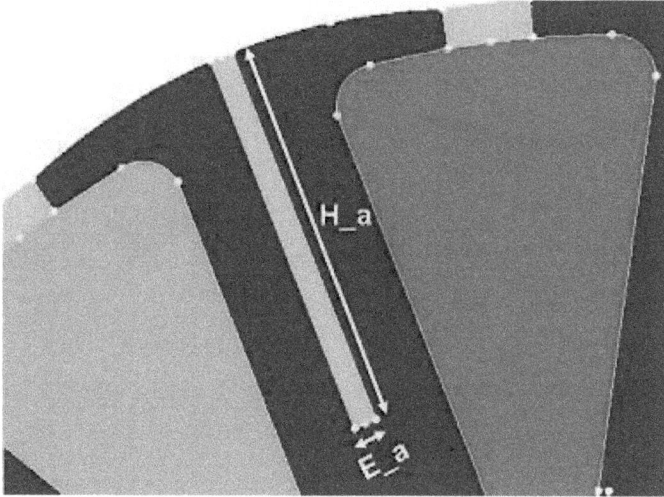

FIGURE IV.20 – Dimensions des aimants de compensation.

### IV.4.d-i    Etude de sensibilité

Cette étude est réalisée avec un calcul par éléments finis pour deux points de fonctionnement. On fait varier à la fois la hauteur $H_a$ et l'épaisseur $E_a$ pour tracer les différentes caractéristiques de la machine (Couple moyen, ondulations de couple, taux de distorsion harmonique (THD) de l'induction dans l'entrefer et la tension de phase). Les vitesse choisies sont 2000 tr/min et 12000 tr/min.

**Fonctionnement à 2000 Tr/min**

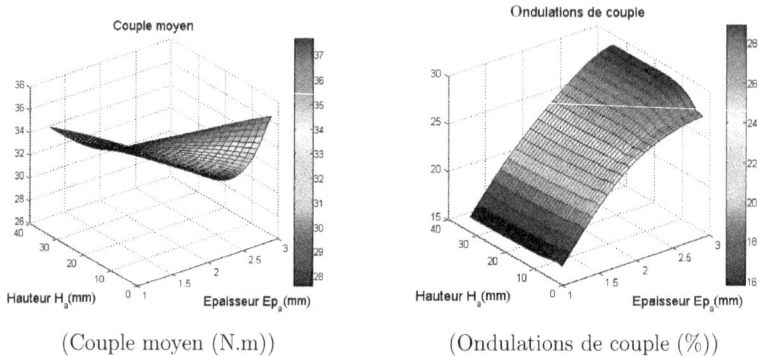

(Couple moyen (N.m))                    (Ondulations de couple (%))

FIGURE IV.21 – Caractéristiques à 2000 tr/min avec Is=50 A ; Angle=14 ° ; Iex=20
A.

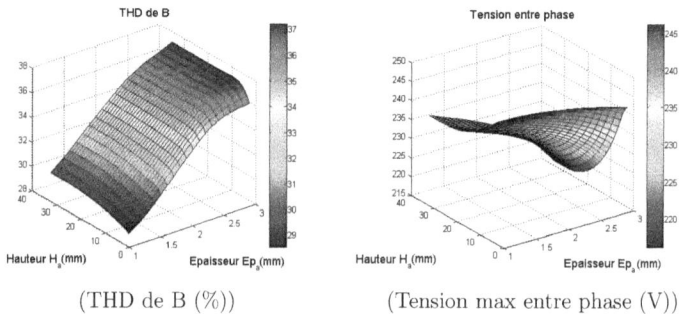

(THD de B (%))                    (Tension max entre phase (V))

FIGURE IV.22 – Caractéristiques à 2000 tr/min avec Is=50 A ; Angle=14 ° ; Iex=20
A.

**Fonctionnement à 12000 Tr/min**

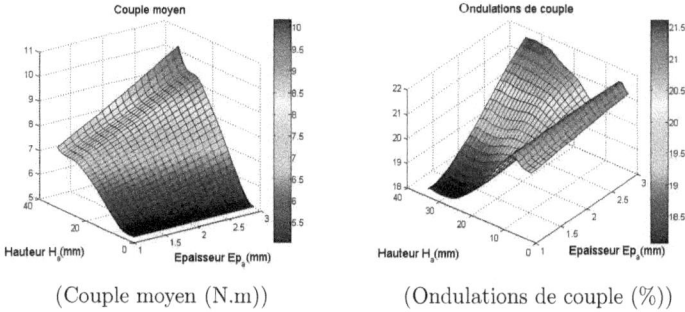

(Couple moyen (N.m))        (Ondulations de couple (%))

FIGURE IV.23 – Caractéristiques à 12000 tr/min avec Is=40 A ; Angle=80 ° ; Iex=7 A.

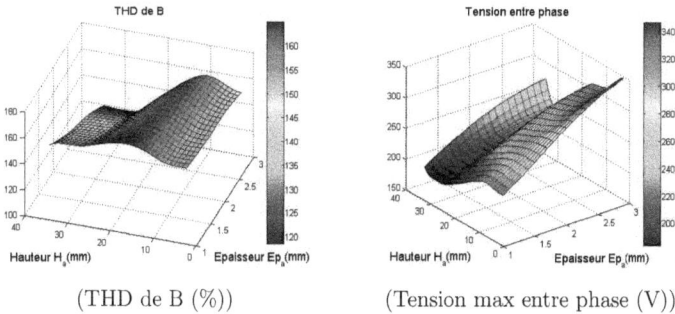

(THD de B (%))        (Tension max entre phase (V))

FIGURE IV.24 – Caractéristiques à 12000 tr/min avec Is=40 A ; Angle=80 ° ; Iex=7 A.

**Observations**

A basses vitesses, la RMI est faible, le rôle des aimants de compensation est limité ; par conséquent et pour avoir de meilleures performances de la machine, on a tendance à réduire la taille de l'aimant (aimant d'épaisseur faible). C'est ce que l'on observe sur les différentes caractéristiques de la machine à 2000 tr/min (figures IV.21 et IV.22). Plus on augmente les dimensions des aimants, en particuliers leurs épaisseurs, plus on réduit le couple moyen et plus on augmente les ondulations de couple ; le taux de distorsion harmonique de l'induction dans l'entrefer augmente également.

A hautes vitesses, la RMI devient plus importante et nécessite une compensation pour améliorer les caractéristiques électromagnétiques de la machine. Les courbes à 12000 tr/min montrent que lorsqu'on augmente les dimensions des aimants, on obtient une meilleure compensation de la RMI (figures IV.23 et IV.24).

Ainsi, contrairement au fonctionnement à basses vitesses, plus la taille des aimants augmente, plus la RMI est affaiblie et le flux utile est important. Par conséquent, on obtient un couple moyen plus important et un taux d'harmonique de B faible. Ce qui engendre moins de pertes et un meilleur rendement.

A hautes vitesses, l'insertion des aimants contribue également à réaliser un meilleur défluxage (figure IV.24).

On peut remarquer aussi que les ondulations de couple augmentent avec la taille des aimants pour les deux points de fonctionnement (figures IV.21 et IV.23).

### IV.4.d-ii    Optimisation

Le but de ce paragraphe est de trouver les dimensions optimales des aimants de compensation, On choisit un point de fonctionnement à vitesse moyenne (4000 tr/min) et on cherche à minimiser le taux de distorsion harmonique (THD) de l'induction B dans l'entrefer. On utilise la fonction "fmincoun" de Matlab en liaison avec un modèle par éléments finis (Flux 2D).

La figure IV.25 montre un exemple d'optimisation avec les valeurs du couple électromagnétiques et du taux de distorsion harmonique pour chaque itération.

Les valeurs optimales des deux paramètres géométriques (hauteur $H_a$ et épaisseur $E_a$) sont données dans le tableau IV.3. Ces optimisations ont été faites pour des aimants de type terres rares et ferrite.

TABLE IV.3 – Dimensions optimales des aimants

| Type d'aimant | Epaisseur d'aimant | Hauteur d'aimant |
|:---:|:---:|:---:|
| Terres rares | 1.2 mm | 13 mm |
| Ferrite | 1.5 mm | 17 mm |

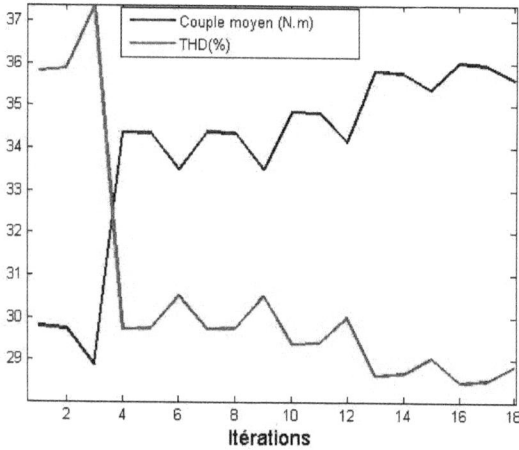

FIGURE IV.25 – Optimisation.

TABLE IV.4 – Tableau comparatif des performances d'une MSRB sans et avec aimants

|  | MSRB sans aimants | | MSRB avec aimants | |
|---|---|---|---|---|
| Vitesse (tr/min) | 2000 | 16000 | 2000 | 16000 |
| Couple (N.m) | 40 | 5 | 40 | 5 |
| Angle de couple ( ° ) | 14 | 80 | 14 | 80 |
| Courant stator (A) | 55 | 40 | 69 | 20 |
| Courant d'excitation (A) | 20 | 7 | 20 | 7 |
| Pertes fer stator (W) | 30 | 800 | 40 | 700 |
| Pertes fer rotor (W) | 0 | 30 | 0 | 20 |
| Rendement (%) | 81 | 82 | 74 | 90 |

Pour un couple équivalent, la machine avec aimants consomme plus de courant au démarrage, et ce, pour vaincre le champ créé par les aimants. En revanche, et à grandes vitesses, le défluxage se fait très facilement et avec un courant beaucoup plus faible que dans le cas de la machine sans aimant.

D'après les résultats présentés dans le tableau IV.4, on constate une réduction importante des pertes fer à hautes vitesses, et ce, grâce à une meilleure répartition de l'induction dans les parties ferromagnétiques grâce à une compensation efficace de la RMI par les aimants.

### IV.4.d-iii  Plage de variation

Les valeurs optimales trouvées dans la section précédente peuvent présenter des difficultés de réalisations (problèmes mécaniques ou autres). Il est donc plus judicieux d'optimiser une plage de variation des paramètres géométrique au lieu de leur attribuer des valeurs fixes.

**Épaisseur des aimants**  On fait varier l'épaisseur des aimants autour du point optimum et on se fixe un THD de B inférieur à 40%. La figure IV.26 montre la variation du THD de B en fonction de l'épaisseur des aimants. On se base sur cette courbe pour définir une plage optimale de variation de l'épaisseur des aimants :

$$0.5 < \text{Epaisseur des aimants} < 2.3$$

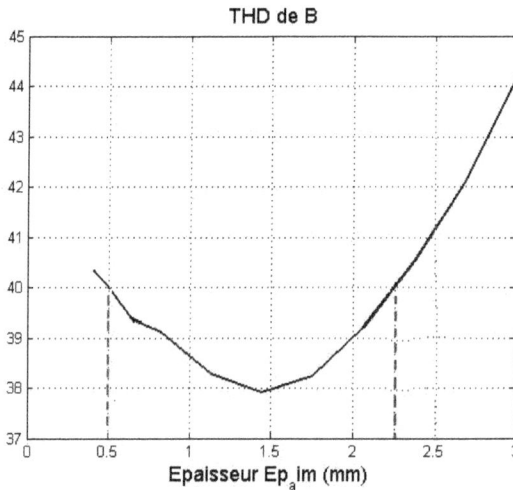

FIGURE IV.26 – Optimisation de l'épaisseur des aimants.

**Hauteur des aimants**  De la même façon que pour l'épaisseur, on fait varier la hauteur des aimants autour du point optimum. Il a été démontré que la hauteur influence très peu le THD de B, on s'intéresse donc plutôt au couple moyen pour définir une plage de variation de cette dimension. D'après la figure IV.27, si on se fixe un couple moyen supérieur à 19 N.m on retrouve la plage suivante :

$$14\text{mm} < \text{Hauteur des aimants} < 27\text{mm}$$

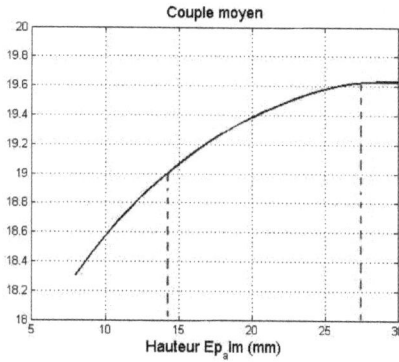

FIGURE IV.27 – Optimisation de la hauteur des aimants.

## IV.4.e   Risque de démagnétisation des aimants

Le flux créé par le courant de l'axe q traverse les aimants permanents et un risque de démagnétisation partielle ou permanente de l'aimant apparaît. Cela nécessite une étude de ce risque par rapport aux dimensions et aux types des aimants utilisés. On se limite dans cette section aux aimants de type ferrite.

**IV.4.e-i** **Courbe de démagnétisation des aimants utilisés (Ferrite)**

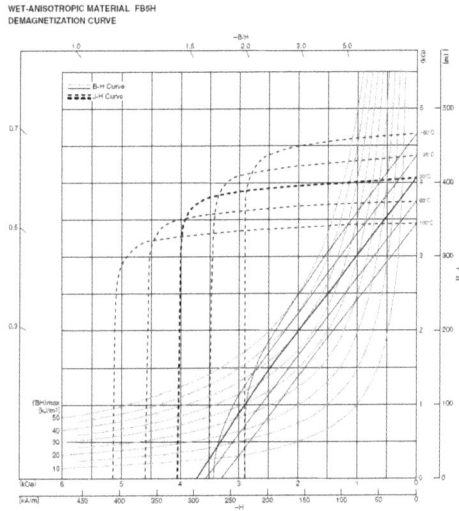

FIGURE IV.28 – Courbe de démagnétisation.

**IV.4.e-ii** **Fonctionnement à 2000 tr/min**

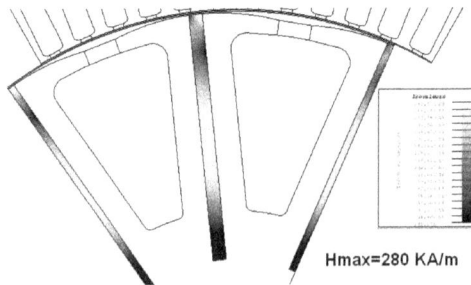

Hmax=280 KA/m

FIGURE IV.29 – Fonctionnement à 2000 tr/min.

**IV.4.e-iii   Fonctionnement à 16000 tr/min**

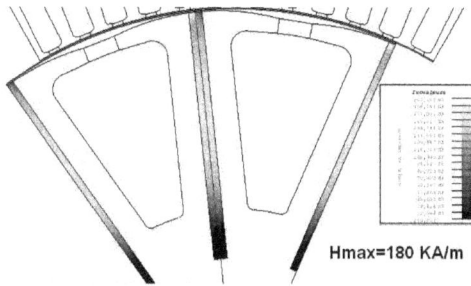

Hmax=180 KA/m

FIGURE IV.30 – Fonctionnement à 16000 tr/min.

Les aimants permanents subissent un champ démagnétisant important produit par les courants statoriques. Les résultats présentés ci-dessus montrent que l'on n'est pas dans la zone de démagnétisation, mais proche de la zone critique et donc du risque de démagnétisation de cette gamme d'aimants. Le redimensionnement des aimants ou le passage à une autre gamme de ferrite peut nous permettre de réduire ce risque.

## IV.4.f   Mode de fonctionnement : Moteur/Génératrice

Dans les études précédentes, on s'est focalisé sur le fonctionnement en mode moteur de la machine. Nous avons étudié et dimensionné les aimants de compensation de la RMI pour atteindre les meilleurs performances de la machine (Forme de B, pertes, Rendement..etc). Or, dans les applications automobiles, les machine sont souvent destinées à fonctionner sous les deux modes : Alternateur et Moteur.

Dans ce paragraphe, nous nous intéressons au fonctionnement de la machine en mode génératrice.

### IV.4.f-i   Mode moteur

La figure IV.31 nous rappelle l'intérêt de l'ajout des aimants pour le mode moteur. Le calcul est fait à 12000 tr/min et la RMI est bien compensée.

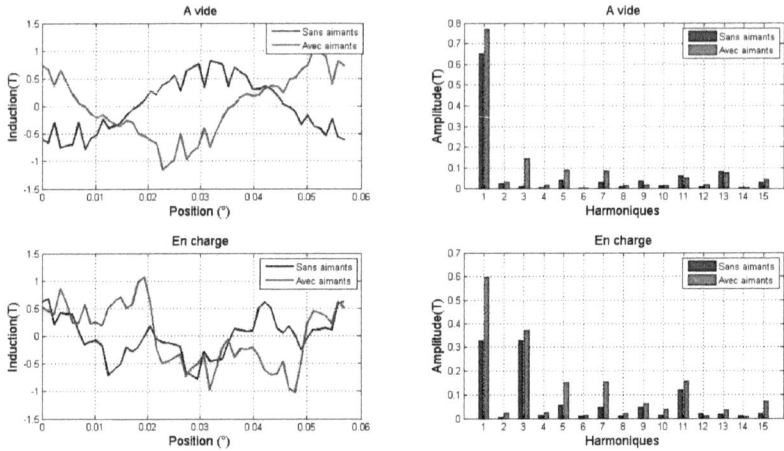

FIGURE IV.31 – En mode moteur : Induction dans l'entrefer à vide et en charge @ 12000tr/min

### IV.4.f-ii    Mode génératrice

Ici pour la même machine, on passe en mode génératrice et on compare les résultats pour une machine avec aimants et sans aimants. On remarque que la RMI n'est pas compensée dans ce cas, bien au contraire, la forme de B dans l'entrefer est beaucoup plus riche en harmoniques.

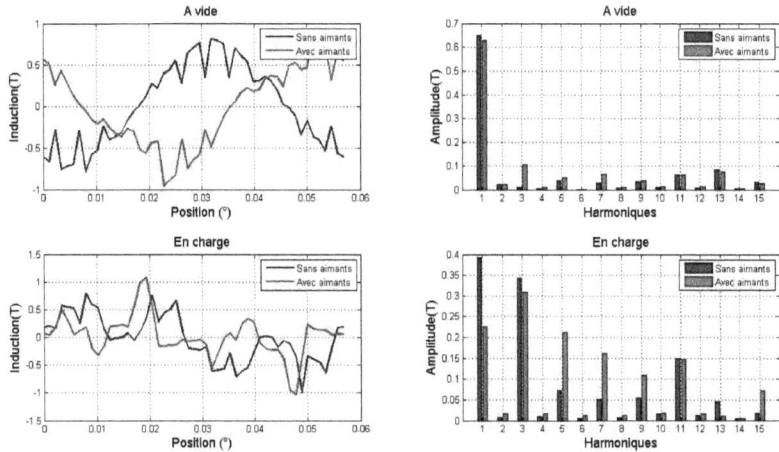

FIGURE IV.32 – En mode génératrice : Induction dans l'entrefer à vide et en charge @ 12000tr/min

En inversant le sens d'aimantation des aimants de compensation de la RMI, on obtient les résultats que montre la figure IV.33 :

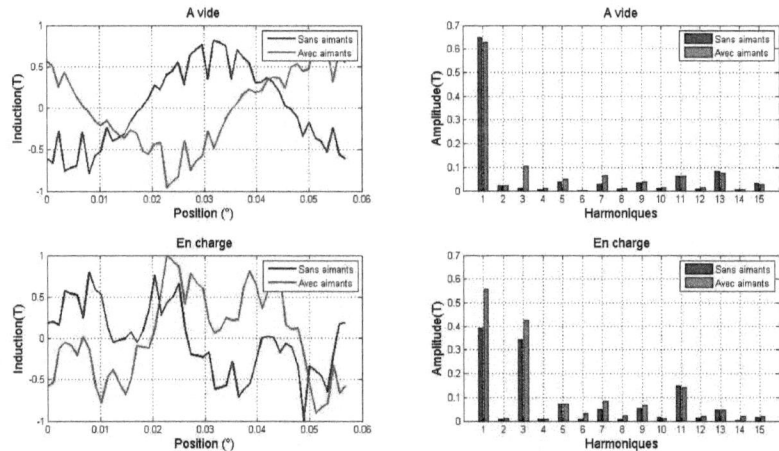

FIGURE IV.33 – En mode génératrice : Induction dans l'entrefer à vide et en charge @ 12000tr/min

Lorsqu'on inverse le sens d'aimantation, on arrive à compenser la RMI avec succès, comme pour le mode moteur. On constate que la compensation de la RMI pour les moteurs et les génératrices se fait avec deux sens d'aimantation différents. Pratiquement, on ne peut pas changer le sens d'aimantation des aimants en passant d'un mode à l'autre. Le sens de rotation de la machine est unique dans la plupart des applications automobiles, on ne peut donc pas envisager un sens de rotation pour chaque mode de fonctionnement. Il faut donc privilégier un mode de fonctionnement au détriment de l'autre et trouver un compromis selon les applications.

Dans notre cas, il s'agit d'une application pour véhicules hybrides. Pour ces applications le moteur a un rôle très important, il assure le démarrage de la voiture et assiste le moteur thermique en cas de grandes accélérations. Nous avons choisi d'orienter les aimants et de les optimiser pour avoir une meilleure compensation de la RMI en mode moteur.

### IV.4.g    Conclusion

Dans cette partie, nous avons présenté une technique de compensation de la réaction magnétique d'induit pour une machine synchrone à rotor bobiné.

Basée sur l'insertion d'aimants de compensations de la RMI, cette technique présente de nombreux avantages. Les résultats de simulation montrent que la réaction magnétique d'induit à grandes et à moyennes vitesses a été bien compensée grâce aux aimants.

Les aimants présentent une direction d'aimantation sensiblement tangentielle d'une manière à orienter le flux dans l'axe q pour affaiblir celui généré par la RMI. Ainsi on minimise le taux de distorsion harmonique (THD) de l'induction B dans l'entrefer.

Grâce à cette technique nous avons atteint de meilleures performances de la machine (forme de l'induction B, pertes, rendement, etc). Nous avons également obtenu une machine plus facilement défluxable.

Nous avons vu que cette compensation peut se faire en fonction d'un sens de rotation prédéterminé et d'un mode de fonctionnement en moteur ou en génératrice préférentiel. S'agissant de préférence d'une application pour véhicules hybrides, le fonctionnement en mode moteur est très important : il assure le démarrage de la voiture et assiste le moteur thermique en cas de grandes accélérations. Les aimants permanents sont par conséquent orientés et optimisés pour avoir une meilleure compensation de la RMI en mode moteur.

## IV.5    Réduction des ondulations de couple

### IV.5.a    Introduction

Avec l'introduction des aimants de compensation et le changement de la structure de la MSRB, un autre problème peut surgir selon la machine étudiée : Il s'agit des ondulations de couple qui deviennent plus élevées (figure IV.34). En général les cahiers des charges automobiles montrent la nécessité d'obtenir un moteur à faibles ondulations de couple.

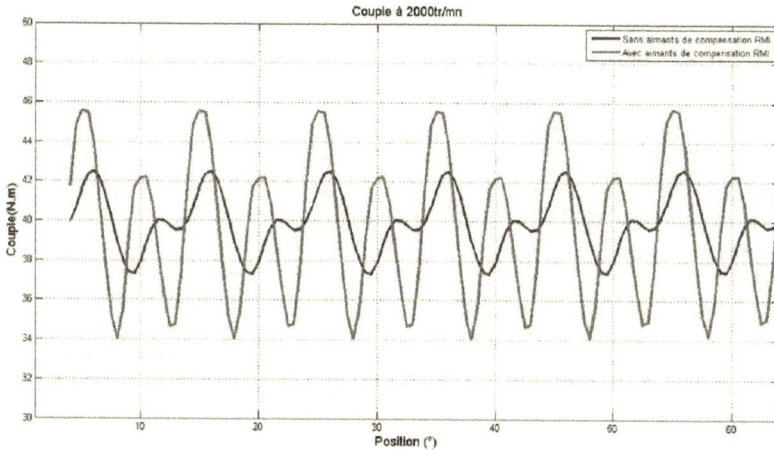

FIGURE IV.34 – Ondulations de couple pour une MSRB avec et sans aimants de compensation

Les principales ondulations sont dues à la distribution des bobines, et à la présence d'encoches responsables de la perturbation locale du champ magnétique d'entrefer. Selon M. Hamiti [57], on peut classer les différents harmoniques engendrant des ondulations de couple comme suit :
- Les harmoniques de temps (courants non sinusoïdaux).
- Les harmoniques d'espace de la force magnétomotrice, dus à la distribution non sinusoïdale des conducteurs.
- Les harmoniques de géométrie dus particulièrement à la présence d'encoches.

Les conséquences des ondulations de couple sont multiples : bruit mécanique audible, imprécision de contrôle du mouvement, etc. Il est donc essentiel de chercher un moyen pour remédier à ces problèmes.

## IV.5.b   Techniques de réduction des ondulations de couple

La réduction des ondulations de couple peut être traitée de deux approches différentes : une première démarche consiste à modifier la structure géométrique de la machine et une seconde à compenser les ondulations de couple par une loi de la commande adéquate. Une classification de ces différentes méthodes selon les approches auxquelles elles appartient est montrée dans la figure IV.35.

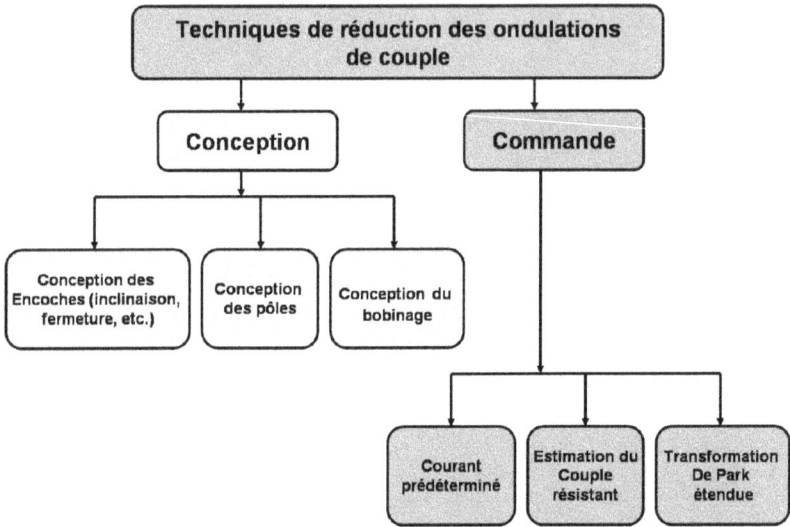

FIGURE IV.35 – Différentes méthodes de minimisation des ondulations de couple

Dans les travaux de Leurent GASC [ ], une solution basée sur une structure à nombre fractionnaire d'encoche par pôle et par phase et un bobinage original est proposée. Dans le cadre de la même thèse, l'auteur a proposé un modèle de commande d'une machine synchrone à aimants permanents intégrant les ondulations de couple comme critère principal.

Dans les travaux de M. Hamiti [ ], deux méthodes de réduction des ondulations de couple via la commande ont été présentées. La première consiste à injecter des courants harmoniques calculés à partir de la connaissance précise des inductances de la machine. La deuxième se base sur un estimateur du couple résistant, à partir duquel un courant de compensation est calculé et injecté dans une boucle de contrôle du couple.

On peut chercher à optimiser l'angle d'avance en mettant comme critère la minimisation des ondulations de couple [ ].

Une autre solution consiste à augmenter le nombre de phases statoriques. Cette solution, de nature structurelle, revient à rapprocher le fonctionnement de la machine synchrone de celui de la machine à courant continu [ ].

Nous avons vu dans le chapitre précédant l'influence de plusieurs paramètres géométriques sur les ondulations de couple. Ces paramètres concernent essentiellement les encoches stator et rotor, et la forme des pôles. Ainsi nous avons intégré ces différents variables dans notre outil d'optimisation (partie affinement de la géométrie).

Dans ce paragraphe, nous allons rester sur l'aspect conception, et nous allons étudié un moyen supplémentaire et original pour réduire les ondulations de couple de la MSRB calculée précédemment. Cette technique concerne en particulier la structure du rotor de la machine. Les pôles rotoriques seront munis d'un enroulement amortisseur formant une cage d'écureuil analogue au moteur asynchrone.

## IV.5.c Structure avec amortisseur (Dépôt de brevet en cours)

Dans la figure IV.36, on propose une structure de machine synchrone à rotor bobiné, munie d'aimants de compensation de la réaction magnétique d'induit et de cage amortisseur. Cette dernière est constituée de barres conductrices placées à la périphérie des épanouissements polaires et réunies par des portions d'anneaux conducteurs sur les faces latérales (ou même réunies par un anneau complet sur chacune des faces).

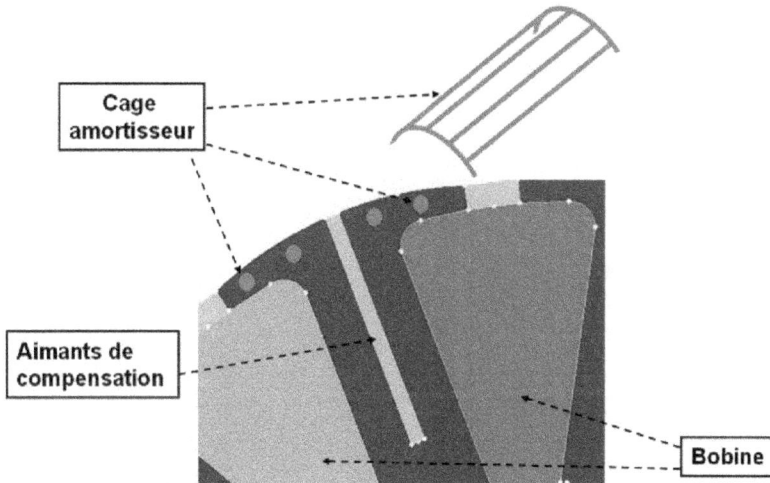

FIGURE IV.36 – Structure avec cage amortisseur

Les barres sont reliées à leur extrémité par deux anneaux conducteurs et constituent une "cage d'écureuil". Cette cage est balayée par le champ magnétique tournant.

## IV.5.d Fonctionnement

La cage de l'amortisseur canalise une grande partie des courants de fréquences supérieures (figures IV.37 et IV.38), induits à la surface du rotor.

Les conducteurs de la cage sont alors traversés par des courants de Foucault induits. Les forces de Laplace qui en résultent exercent un couple sur le rotor. D'après la loi de Lenz, les courants induits s'opposent par leurs effets à la cause qui leur a

donné naissance. Il apparaît alors un couple de valeur moyenne non nulle et riche
d'harmoniques élevés qui vient s'ajouter au couple principal et permet la réduction
des ondulations de couple (figures IV.43 et IV.44).

Le couple est alors produit par le courant rotor, la réaction magnétique est compensée par les aimants permanents, et les ondulations de couple sont réduites par la
cage amortisseur.

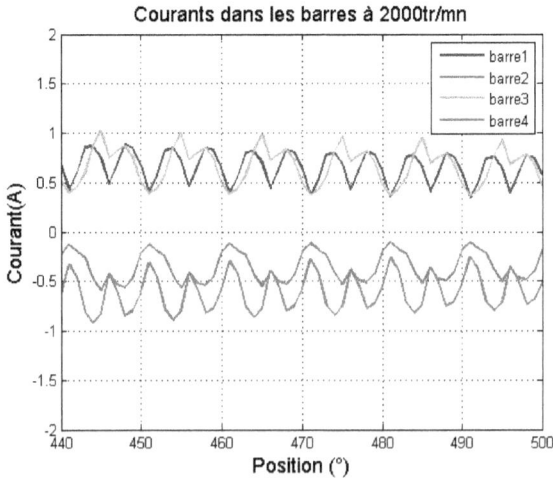

FIGURE IV.37 – Courants dans les barres sur une période électrique*

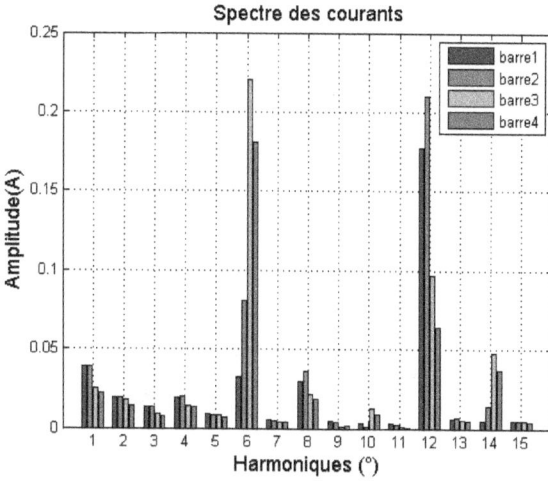

FIGURE IV.38 – Analyse spectrale des courants dans les barres*

* Dans ces simulations, on note que les courants dans les barres n'ont pas encore atteint leur régime permanent, ce qui explique la présence d'une composante continue sur ces courbes.

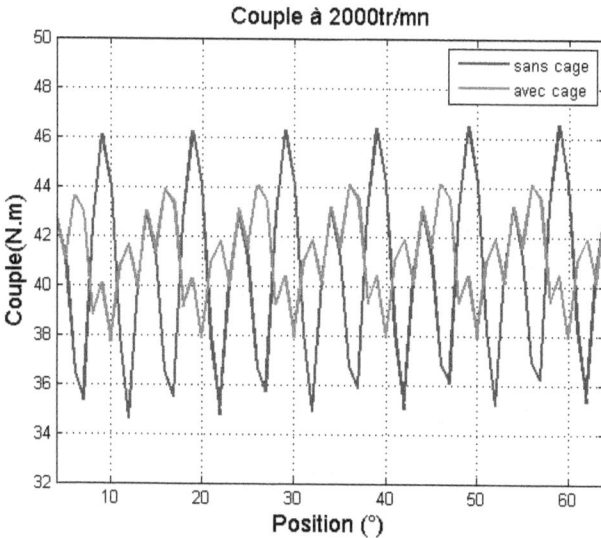

FIGURE IV.39 – Ondulations de couple à 2000 tr/min

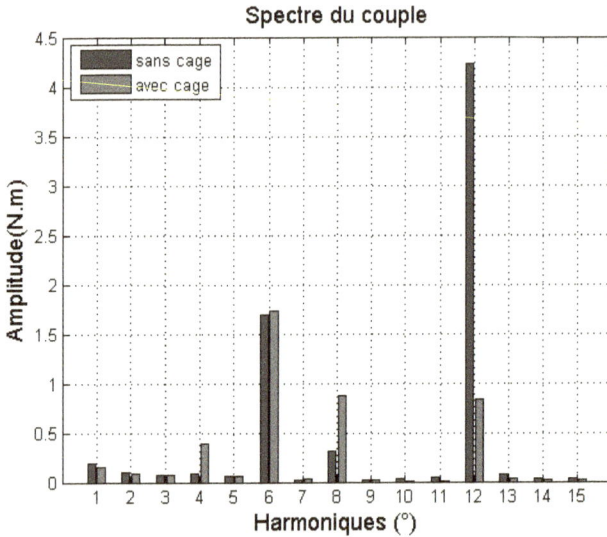

FIGURE IV.40 – Analyse spectrale

Les calculs précédents ont été réalisés pour une MSRB avec une cage amortisseur de 4 barres par pôle. Grâce à cet amortisseur, les ondulations de couple ont été diminué de 23% à 13%.

L'élimination des ondulations de couple (causées principalement par l'encochage et la présence des aimants) se fait par sommation des couples produits par les courants induits dans les barres rotoriques. Ces courants, riches en harmoniques élevés (figures IV.37 et IV.38), viennent s'opposer par leur effets au harmoniques du couple principal et affaiblir ses ondulations (figures IV.43 et IV.44).

Les résultats de ces simulations sont satisfaisants et montrent l'efficacité de la solution proposée pour réduire les ondulations de couple de la machine.

## IV.5.e  Emplacements et nombre de barres

Nous cherchons une meilleure combinaison entre le nombre de barres par pôle et l'emplacement de chaque barre. La répartition des barres peut être symétrique ou non. Nous avons choisis de réaliser des simulations pour des structures avec un amortisseur de 3, 4 , 5 ou 6 barres. Les résultats seront comparés à une machine sans amortisseur (figure IV.41).

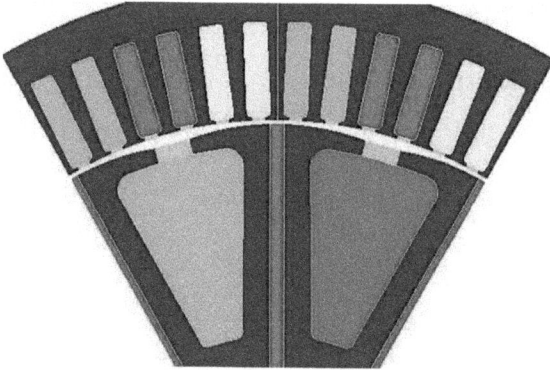

FIGURE IV.41 – Structures MSRB d'origine.

Nous montrons sur la figure IV.42 les structures avec amortisseur. Les emplacements et les dimensions des barres pour chaque configuration ont été optimisés pour avoir les plus faibles ondulations de couple.

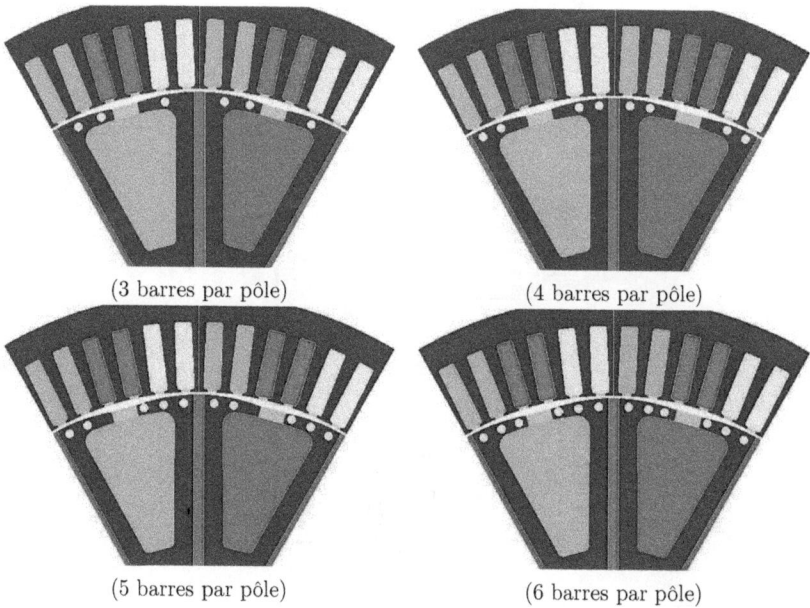

(3 barres par pôle)

(4 barres par pôle)

(5 barres par pôle)

(6 barres par pôle)

FIGURE IV.42 – Structures avec amortisseur.

## IV.5.f   Résultats de simulation

### IV.5.f-i   Ondulations de couple

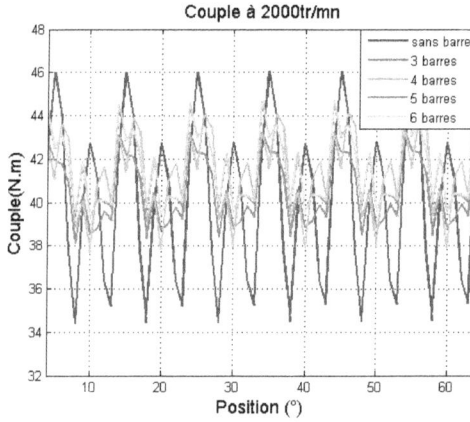

FIGURE IV.43 – Ondulations de couple à 2000 tr/min

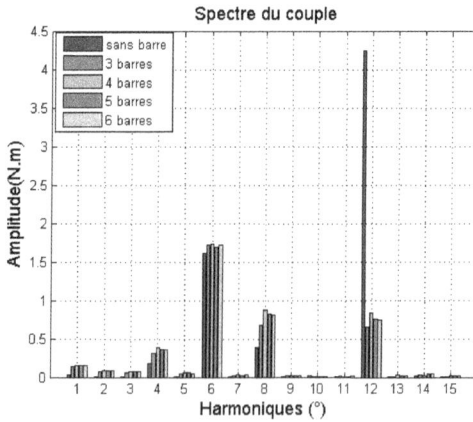

FIGURE IV.44 – Analyse spectrale

TABLE IV.5 – Performances d'une MSRB avec et sans amortisseur à 2000 tr/min

|  |  | MSRB d'origine | MSRB avec amortisseur |
|---|---|---|---|
| **Commande** | Angle d'autopilotage (°) | 8 | 14 |
|  | Courant stator (A) | 70 | 67 |
|  | Courant rotor (A) | 20 | 20 |
| **Performances** | Couple (N.m) | 40 | 40 |
|  | Pertes Joules rotor (W) | 610 | 610 |
|  | Pertes Joules stator (W) | 2500 | 2300 |
|  | Pertes fer stator (W) | 40 | 40 |
|  | Ondulations (%) | 25 | 13 |
|  | Rendement (%) | 73 | 75 |

## IV.5.g Conclusion

Les ondulations de couple ont été minimisées efficacement pour les 4 structures étudiées. Le choix du nombre et des espacements entre les barres du point de vue ondulation de couple n'est pas évident car les résultats sont très proches.

Il est clair qu'un nombre élevé de barres sur la périphérie du rotor peut gêner le passage du flux utile au stator et engendrer une saturation à ce niveau, nous avons donc choisi de ne pas opter pour les amortisseurs de 5 et 6 barres.

Un amortisseur avec un nombre impair de barres par pôle présente une dissymétrie qui risque de générer des courants de déséquilibre en régime permanent.

Il est possible de répartir régulièrement les barres sur l'épanouissement polaire. La cage est parfaitement symétrique ce qui permet d'éviter des courants de déséquilibre, cependant la réduction des ondulations de couple n'est pas optimale.

Les résultats que nous montrons dans le tableau IV.5 sont réalisés pour une machine synchrone à rotor bobiné, munie d'aimants de compensation de la réaction magnétique d'induit et d'un amortisseur de 4 barres par pôle, réparties régulièrement sur la périphérie du rotor. Ces résultats montrent le gain que nous avons obtenue grâce à l'insertion de la cage amortisseur. En effet, on passe de 25 % à 13 % des ondulations de couple et on gagne également 3A du débit statorique pour la même valeur du couple. Les courants dans les barres amortisseurs restent faibles (autour de 0.5A) et les pertes Joule au rotor (dans la cage) restent négligeables. Le rendement de la machine augmente de 2%.

*IV. Nouvelle Structure de Machine Synchrone à Rotor Bobiné avec Compensation*
*de la Réaction Magnétique d'Induit*
140

# IV.6 Conclusion

Une nouvelle structure de machine synchrone à rotor bobiné a été présentée dans ce chapitre. Cette structure est basée sur la compensation de la réaction magnétique d'induit par des aimants. En effet, le bobinage classique du rotor garde son rôle de créer le flux principal dans l'axe direct, tandis que les aimants viennent créer un flux de compensation dans l'axe en quadrature. Ce dernier a pour rôle d'affaiblir la Réaction Magnétique d'Induit.

Grâce à cette structure, on a obtenu un faible taux de distorsion harmoniques (THD) de l'induction dans l'entrefer, un flux utile plus important, moins de pertes fer et par conséquent un meilleur rendement. A hautes vitesses, en plus de la compensation de la RMI, les aimants ont permis un meilleur défluxage de la machine.

La technique exposée dans ce chapitre peut être adaptée à d'autres types de machines (les machines synchrones à double excitation par exemple). Selon les contraintes techniques et économiques, On peut échanger les rôles entre les aimants et les bobines rotoriques : Le flux principal sera créé par les aimants et le flux de compensation et de défluxage sera créé par les bobines.

Une partie de ce chapitre a été réservée aux ondulations de couple. En effet, la modification de la structure du rotor et la présence d'aimants permanents ont causé une augmentation des ondulations de couple.

Une solution proposée, permettant d'affaiblir les harmoniques de couple, consiste à ajouter un amortisseur sous forme de cage d'écureuil. Les résultats des simulations par éléments finis démontrent l'efficacité de cette solution.

La présence d'une cage amortisseur au sein de la machine a ses avantages mais aussi ses inconvénients. Le volume occupé par l'enroulement amortisseur et les pertes Joule supplémentaires sont les inconvénients majeurs. Avec une bonne optimisation ces deux facteurs peuvent être diminués.

Ce travail est loin d'être complet mais donne déjà des résultats intéressants et montre l'intérêt de la structure étudiée. Une étude expérimentale sur maquette est nécessaire afin de valider les résultats de la présente études.

# Conclusion générale

Afin de rendre populaires les véhicules électriques et hybrides, il est nécessaire de parvenir à un coût du véhicule acceptable tout en garantissant un impact environnemental minimal. Les machines électriques étant le cœur de ces véhicules, leur conception est en pleine évolution. Elle est soumise à des cahiers des charges stricts et de plus en plus exigeants. De nombreux critères comme le rendement, l'encombrement, le ratio poids/puissance et la rentabilité interviennent comme contraintes de la conception optimale des machines électriques.

La présente thèse a apporté une contribution originale dans le domaine du dimensionnement et de la conception optimale des machines électriques, en particulier celles utilisées dans le secteur automobile. Une méthodologie rationnelle pour la conception optimale des machines électriques a été présentée et appliquée sur des machines synchrones à double excitation et à rotor bobiné. Elle se base sur l'optimisation sous contraintes et intègre la combinaison de deux modèles, analytique et semi-numérique. Dans son ensemble notre travail propose des idées nouvelles tant au niveau de la méthodologie que de la nature des modèles utilisés. Les résultats de ces contributions ont montré d'importantes améliorations de plusieurs aspects : le temps de construction des modèles, le temps de calcul et la précision des méthodes utilisées. Ces innovations ont été possibles en partie grâce aux progrès réalisés au niveau de la puissance des ordinateurs et l'évolution des logiciels de calcul.

Nous avons commencé notre travail par un état de l'art des voitures hybrides et électriques. Présentée au premier chapitre, cette étude montre la diversité des machines électriques utilisées dans la motorisation de ces véhicules. Nous avons classé ces machines selon des critères techniques et économiques. Nous avons mis le point en particulier sur la machine synchrone à double excitation. Cette machine qui a été développée et testée chez Valeo, a fait l'objet d'une grande partie de la présente thèse.

L'optimisation des machines électriques était l'un des principaux enjeux de nos recherches. Dans le deuxième chapitre nous avons exposé les différentes méthodes de modélisation (analytique, numérique et semi-numérique). Une introduction aux familles d'algorithmes d'optimisation a été également développée dans ce chapitre.

Le troisième chapitre a été entièrement dédié à notre nouvelle méthodologie de conception et d'optimisation des machines synchrones à double excitation. Cette méthodologie a été construite dans le but d'être programmée, par la suite, dans un outil logiciel d'optimisation facilement utilisable. Dans un premier temps nous avons choisis de modéliser la machine d'une manière entièrement analytique. Ce premier modèle est basé sur la représentation simplifiée de la machine par des réseaux de réluctances dans les deux axes de Park. Lié à un optimiseur de type SQP, Il propose une première prédiction rapide et satisfaisante de la géométrie de la machine.

Ce modèle analytique est donc un outil efficace pour une première estimation des paramètres géométriques. Cependant, il est incapable de prendre en compte la totalité des phénomènes physiques présents au sein de la machine. En particulier, ce modèle analytique est dans l'incapacité de prendre en compte la saturation croisée. De plus, cette modélisation analytique ne permet pas de déterminer les pertes fer et les ondulations de couple.

Dans le but de combler les lacunes du modèle analytique, nous avons développé un modèle plus précis. Il s'agit du modèle semi-numérique que nous avons présenté au cours du troisième chapitre. Il est basé sur des calculs par éléments finis en statique. Ce modèle part de la solution initiale, trouvée grâce au modèle analytique, pour effectuer une optimisation poussée de la machine. Dans ce modèle, la méthodes des éléments finis ne concerne que le calcul des flux dans les trois phases, le reste des performances de la machine est calculé par la suite grâce à un module de calculs analytiques. Un modèle de calcul des pertes fer à base de la formulation de Bertotti a été également intégré dans l'ensemble afin d'estimer correctement le rendement global de la machine.

Tout les modèles (analytique, semi-numérique, calcul des pertes fer) ont été validés séparément avec des calculs par éléments finis en transitoire avant d'être intégrés dans notre démarche d'optimisation. Une fois ces différents modèles conçus et validés, nous les avons intégré dans un algorithme générale d'optimisation. Nous avons ensuite conçu un outil logiciel qui regroupe les différentes étapes de conception de la machine.

Une démarche d'optimisation de la commande a été également développée au cours de ce chapitre. Ayant le même principe que l'optimisation de la géométrie, cette démarche permet d'estimer les signaux de commande pour chaque point de fonctionnement en maximisant le rendement global de la machine.

Les premières machines conçues avec notre méthodologie ont été comparées avec des machines existantes. Les résultats obtenus sont en accord avec les mesures, nous avons même réussi à améliorer les performances des machines existantes. Ces applications ont mis en évidence les avantages de la méthodologie proposée.

Un des principaux avantages de notre méthodologie est le fait qu'elle soit facilement mise en place, contrairement à la modélisation par réseaux de perméances qui peut requérir un temps de construction et de validation très important selon la complexité du problème, et qui reste valable uniquement pour une structure donnée. Un autre intérêt de notre approche d'optimisation, nous l'avons vu au cours du Chapitre 4, est sa capacité à s'adapter à d'autres types de machines synchrones telle que la machine à rotor bobiné.

Un autre axe de ces travaux était la recherche et l'amélioration d'une nouvelle structure de machine synchrone à rotor bobiné. Au cours de cette étude, initiée au quatrième chapitre, nous avons pu optimiser une structure classique à rotor bobiné à pôles saillants grâce à notre outil de dimensionnement. Cette structure a fait, par la suite, l'objet de plusieurs modifications en vu d'améliorer ses performances. Ces améliorations sont basées principalement sur la compensation de la réaction magnétique d'induit.

L'idée est alors de créer un flux de compensation dans l'axe q qui va s'opposer à celui de l'induit. Ainsi, nous avons modifié la structure initiale du rotor en ajoutant des aimants de compensation au milieu des pôles. Les résultats obtenus ont montré l'intérêt de cette configuration. Grâce à cette structure, nous avons réussi à affaiblir le taux de distorsion harmoniques (THD) de l'induction dans l'entrefer, nous avons obtenu un flux utile plus important et moins de pertes fer. Par conséquent le rendement global de la machine a augmenté. A hautes vitesses, en plus de la compensation de la RMI, les aimants ont permis un meilleur défluxage de la machine. L'inconvénient majeur de la présence d'aimants permanents dans cette nouvelle structure est l'augmentation des ondulations de couple. Pour remédier à ce problème, nous avons proposé une technique qui consiste à insérer un amortisseur sous forme de cage d'écureuil et les résultats étaient satisfaisants. Bien que les résultats des cette première étude soient intéressants et montrent l'intérêt de cette nouvelle structure, une étude expérimentale reste nécessaire pour pousser l'idée jusqu'au bout.

# Bibliographie

[1] Low Carbon Vehicle Partnership http ://www.lowcvp.org.uk

[2] Magazine Energies N16 Automne 2009 http ://www.Total.com

[3] La voiture de demain : carburants et électricité; Centre d'analyse stratégique juin 2011 www.strategie.gouv.fr

[4] Comité des constructeurs français d'automobiles http ://www.ccfa.fr

[5] http ://www.voitureelectrique.net

[6] http ://tpe-voitureecolo.e-monsite.com

[7] http ://www.voiture-electrique-populaire.fr

[8] Le développement des véhicules hybrides et électriques 2011 ; IFP Energies nouvelles ; www.ifpenergiesnouvelles.fr

[9] http ://www.teslamotors.com

[10] http ://www.techno-science.net

[11] http ://www.supermagnete.de/fre

[12] http ://gm-volt.com

[13] Peter Harrop, Electric Motors for Electric Vehicles 2012-2022, May 2012

[14] Leurent albert - Modélisation des alternateurs à griffes : Application au domaine automobile.Thèse de doctorat, INP de Grenoble, juillet 2004

[15] LILYA BOUARROUDJ -Contribution à l'étude de l'alternateur à griffes Application au domaine automobile.Thèse de doctorat, INP de Grenoble, Novembre 2005

[16] F. Magnussen, ON DESIGN AND ANALYSIS OF SYNCHRONOUS PERMANENT MAGNET MACHINES FOR FIEL-WEAKENING OPERATION IN HYBRID ELECTRIC VEHICLES,Stockholm 2004.

[17] Jérôme LEGRANGER, Contribution à l'étude des machines brushless à haut rendement dans les applications de moteurs-générateurs embarqués. Thèse de doctorat,l'Université de Technologie de Compiègne, Mai 2009

[18] Bill SESANGA N'TSHUIKA -Optimisation de Gammes : Application à la Conception des Machines Synchrones à Concentration de Flux, INP de Grenoble, Février 2011

[19] BIEDINGER (J. M.), FRIEDRICH (G.), VILAIN (J. P.), PLASSE (C.) - Etude de Faisabilité d'un Alterno Démarreur Intégré : Comparaison des Solutions Asynchrone et Synchrone à Rotor Bobiné. CEMD'99.

[20] Li Li, ÉTUDE ET MISE AU POINT D'UNE NOUVELLE FAMILLE D'ALTERNO-DÉMARREUR POUR VÉHICULES HYBRIDES ET ÉLECTRIQUES,Thèse de doctorat, INP de Grenoble, Valeo, 2011.

[21] Yacine AMARA, CONTRIBUTION À LA CONCEPTION ET À LA COMMANDE DES MACHINES SYNCHRONES À DOUBLE EXCITATION APPLICATION AU VÉHICULE HYBRIDE ,Thèse de doctorat,décembre 2001.

[22] Sami HLIOUI, Etude d'une Machine Synchrone à Double Excitation Contribution à la mise en place d'une plate-forme de logiciels en vue d'un dimensionnement optimal,Thèse de doctorat, Université de Technologie de Belfort-Montbeliard, université de Besançon, Décembre 2008

[23] Jean-Paul YONNET, ETUDE ET MODELE ELECTROMAGNETIQUE DE MACHINE ASYNCHRONE POUR ALTERNATEUR-DEMARREUR,Thèse de doctorat,INP de Grenoble, Juillet 2002

[24] BESBES (M.), HOANG (E.), LECRIVAIN (M.), GABSI (M.), AKEMAKOU (A. D.), HUART (D.), PLASSE (C.) -Comparaison des Perfonnances d'une Machine à Commutation de Flux et d'une Machine Synchrone à Aimants Enterrés pour une Application d'Alterno Démarreur Intégré pour Véhicule Automobile. CEMD'99

[25] K.N Ochjid, C. Pollack Design/performance of a flux switching generateur system for variable speed applications, IAS 2005

[26] Anthony GIRARDIN, Contribution à l'optimisation des performances des alternateurs automobiles,Thèse de doctorat,INP de Grenoble, Octobre 2008

[27] Anthony Gimeno, Contribution à l'étude d'alternateurs automobiles : caractérisation des pertes en vue d'un dimensionnement optimal,Thèse de doctorat, Université de Technologie de Compiègne, Février 2011

[28] AzeddineTAKORABET, Dimensionnement d'une machine à double excitation de structure innovante pour une application alternateur automobile. Comparaison à des structures classiques,Thèse de doctorat, ECOLE NORMALE SUPERIEURE DE CACHAN, Janvier 2008

[29] BOUKAIS Boussad, Contribution à la modélisation des systèmes couples machines convertisseurs : Application aux machines à aimants permanents (BDCM-PMSM,Thèse de doctorat, Université Mouloud Mammeri, Tizi-ouzzou, Algérie, Février 2012

[30] L. Chédot , Contribution à l'étude des machines synchrones à aimants permanents internes à large espace de fonctionnement. Application à l'alterno-démarreur,Thèse de doctorat,Université de Technologie de Compiègne, novembre 2004

[31] P. H. Nguyen, E. Hoang, M. Gabsi et M. Lecrivain : Dimensionnement et comparaison de machines synchrones à concentration de flux à encochage fractionnaire pour une application véhicule hybride. Conférence EF, UTC, Compiègne, 24-25 Sept. 2009.

[32] Stéphane BRISSET, Démarches et Outils pour la Conception Optimale des Machines Electriques, Rapport de Synthèse, HABILITATION A DIRIGER DES RECHERCHES, UNIVERSITE DES SCIENCES ET TECHNOLOGIES DE LILLE, Décembre 2007.

[33] Nikola JERANCE, Réseaux de reluctances et diagnostic des machines électriques,Thèse de doctorat, INP de Grenoble, Decembre 2002

[34] G. Barakat, T. El-meslouhi, et B. Dakyo. Analysis of the cogging torque behavior of a twophase axial flux permanent magnet synchronous machine. Magnetics, IEEE Transactions on, Jul 2001.

[35] F. M. Sargos et A. Rezzoug. Calcul analytique du champ engendré par des aimants dans l'entrefer d'une machine à rotor denté. Journal de Physique III, 1(1), jan 1991.

[36] Z. Zhu, D. Howe, E. Bolte, et B. Ackermann. Instantaneous magnetic field distribution in brushless permanentmagnet DC motors. I. Open-circuit field. Magnetics, IEEE Transactions on, 29(1) :124-135, 1993.

[37] Olivier de la Barrière, Modèles analytiques électromagnétiques bi et tri dimensionnels en vue de l'optimisation des actionneurs disques. Etude théorique et expérimentale des pertes magnétiques dans les matériaux granulaires,Thèse de doctorat, L'ECOLE NORMALE SUPERIEURE DE CACHAN, Novembre 2010.

[38] Marco Amrhein and Philip T. Krein, Magnetic Equivalent Circuit Simulations of Electrical Machines for Design Purposes de Maxwell,1-4244-0947-0/07 IEEE Transactions, 2007

[39] T. P. Do : Simulation dynamique des actionneurs et capteurs électromagnétiques par réseaux de réluctances : modèles, méthodes et outils. Thèse de doctorat, G2elab, INPG, Mar. 2010.

[40] Boumedyen NEDJAR, Modélisation basée sur la méthode des réseaux de perméances en vue de l'optimisation de machines synchrones à simple et à double excitation,Thèse de doctorat,SATIE ENS CACHAN, Mar. 2012.

[41] Omessaad Hajji, Contribution au développement de méthodes d'optimisation stochastiques. Application à la conception des dispositifs électrotechniques,Thèse de doctorat,Ecole centrale de Lille, December 2003.

[42] M. Zeraoulia and et al, "Electric motor drive selection issues for HEV propulsion system : A comparative study" , IEEE Trans. Vehicular Tech, vol. 55, pp.1756-1763, Nov 2006

[43] B.P de Saint Romain, MODELISATION DES ACTIONNEURS ELEC-TROMAGNETIQUES PAR RESEAUX DE RELUCTANCES. CREA-TION D'UN OUTIL METIER DEDIE AU PREDIMENSIONNEMENT PAR OPTIMISATION, Grenoble 2006.

[44] Aurélie Fasquelle, Contribution à la modélisation multi-physique : électro-vibro-acoustique et aérothermique de machines de traction,Thèse de doctorat,Ecole centrale de Lille, Novembre 2007.

[45] Jean-Louis COULOMB,"Electromagnétisme et problèmes couplés" "Electro-magnétisme et éléments finis 3",EGEM, Hermes (2002)

[46] Guillaume Lacombe, Définition et réalisation d'une nouvelle génération de logi-ciel pour la conception des moteurs du futur,Thèse de doctorat, G2elab, INPG, Novembre 2007

[47] J. Legranger, OPTIMISATION MULTIPHYSIQUE D'ALTERNO-DEMARREURS SYNCHRONES A AIMANTS ENTERRES PAR COMBINAISON DE MODELES ANALYTIQUES ET ELEMENTS FINIS,

[48] B. MULTON, LES MACHINES SYNCHRONES AUTOPILOTÉES,Ecole Normale Supérieure de Cachan, 2004.–

[49] A. BOGLIETTI, A. CAVAGNINO, M. LAZZARI, M. PASTORELLI, "Predic-ting iron losses in soft magnetic materials with arbitrary voltage supply : an engineering approach", IEEE Trans. on Magnetics, vol. 39, no 2, p. 981-989, March 2003.

[50] C. MI, G.R. SLEMON, R. BONERT, "Modeling of iron losses of permanent-magnet synchronous motors", IEEE Trans. on Industry Applications, vol. 39, no 3, p. 734-742, May/June 2003.

[51] L.Li, An Iron Loss Model (Loss Surface) for FeCo Sheet and Its Application in Machine Design.

[52] Olorunfemi Ojo, Femi Osaloni, Zhiqiao Wu, Mike Omoigui, "THE INFLUENCE OF MAGNETIC SATURATION AND ARMATURE REACTION ON THE PERFORMANCE OF INTERIOR PERMANENT MAGNET MACHINES", In-dustry Applications Conference, 38th IAS Annual Meeting. 2003.

[53] Li Li, Albert Foggia, Afef Kedous-Lebouc, Jean-Claude Mipo and Luc Ko-bylansky, "Some armature reaction compensation methods numerical design of experiments and optimization for a hybrid excitation machine" IEMDC, Miami : United States (2009)

[54] Yan Li,Chao Zhang, "Simulation of Harmonic Armature Reaction in Synchronous Brushless Excitation", Artificial Intelligence, Management Science and Electronic Commerce (AIMSEC), 2011.

[55] Zhang Cunshan; Bian Dunxin; "Armature Reaction Finite Element Computation of Surface-Mounted Brushless DC motors", Electrical Machines and Systems, 2008. ICEMS 2008

[56] Wisnu Bhongbhibhat, Andreas Boehringer, Hans-Dieter Schmid, Siegfried Haussmann, Ivan Ilic. "DYNAMOELECTRIC MACHINE WITH REDUCED ARMATURE REACTION",4249099 Filing date : 6 Oct 1978 Issue date : 3 Feb 1981.

[57] Mohand Ouramdane HAMITI, "Réduction des ondulations de couple d'une machine synchrone à réluctance variable. Approches par la structure et par la commande",Thèse de doctorat, Université Henri Poincaré, Nancy, Juin 2009.

[58] Laurent GASC, "Conception d'un actionneur à aimants permanents à faibles ondulations de couple pour assistance de direction automobile Approches par la structure et par la commande",Thèse de doctorat, INP TOULOUSE, novembre 2004

[59] KHEZZAR Abdelmalek, "FILTRAGE ACTIF DU COUPLE DE MACHINES ELECTRIQUES DE FORTE PUISSANCE", ,Thèse de doctorat, INPL Nancy, Novembre 1997.

[60] Abdeljalil DAANOUNE, Albert Foggia, Lauric Garbuio, Jean-Claude Mipo and Li LI, "A new method for design and optimization of a hybrid excitation synchronous machine by combining analytical and finite element models" INTERMAG, Vancouver : CANADA, Mai 2012

[61] Abdeljalil DAANOUNE, Albert Foggia, Lauric Garbuio, Jean-Claude Mipo and Li LI, "Modeling and optimal control of a hybrid excitationsynchronous machine by Combining Analytical And Finite Element Models" ICEM, Marseille : FRANCE, september 2012

[62] Abdeljalil DAANOUNE, Albert Foggia, Lauric Garbuio, Jean-Claude Mipo and Li LI, "Improved structure of a wound rotor synchronous machine (WRSM)" CEFC, Oita : JAPAN, november 2012

www.ingramcontent.com/pod-product-compliance
Lightning Source LLC
Chambersburg PA
CBHW021054210326
41598CB00016B/1207